Publications scientifiques-industrielles de E. LACROIX

DE

L'EXPLOITATION

ET DE LA

LÉGISLATION DES MINES

EN ALGÉRIE ET EN ESPAGNE

PAR

M. A.-F. POTHIER

ANCIEN ÉLÈVE ET RÉPÉTITEUR DU SERVICE DE PERFECTIONNEMENT
DE L'ÉCOLE IMPÉRIALE DES PONTS ET CHAUSSÉES

Prix : 3 francs

PARIS

LIBRAIRIE SCIENTIFIQUE, INDUSTRIELLE ET AGRICOLE

Eugène LACROIX, éditeur

LIBRAIRE DE LA SOCIÉTÉ DES INGÉNIEURS CIVILS

15, QUAI MALAQUAIS

1864

DICTIONNAIRE

LÉGISLATIF ET RÉGLEMENTAIRE

DES CHEMINS DE FER

CONTENANT

LE RÉSUMÉ DES DOCUMENTS OFFICIELS EN VIGUEUR
ET LES PRINCIPAUX RENSEIGNEMENTS PRATIQUES SUR L'ÉTABLISSEMENT,
L'ENTRETIEN, LA POLICE ET L'EXPLOITATION DES VOIES FERRÉES

PERSONNEL, EXPLOITATION TECHNIQUE, MATÉRIEL, VOIE, SERVICE COMMERCIAL

PAR G. PALAA

Conducteur des ponts et chaussées, Chef de bureau de l'ingénieur en chef du contrôle
des chemins de fer de Paris à Lyon et à Genève

1 vol. grand in-8 compacte. Prix : 12 fr., franco

MOYENNANT L'ENVOI D'UN BON DE POSTE.

————

Les intérêts considérables et universels qui se rattachent à l'établissement et à l'exploitation des chemins de fer, nous ont fait penser qu'un recueil qui résumerait sous une forme concise les documents officiels et les nombreux détails réglementaires du service de ces voies de communication, serait d'une utilité incontestable et comblerait une véritable lacune.

Après dix années de recherches et de travail incessant, nous espérons être arrivé à formuler un recueil alphabétique exact et précis où toutes les personnes qu'intéresse le service des chemins de fer trouveront pour chacun des détails d'application, un ensemble d'indications groupées et disposées de manière à permettre de consulter rapidement et sûrement les documents organiques et les décisions administratives et judiciaires qui forment la base essentielle du service.

Pour faciliter les recherches dans la plus grande mesure possible et pour arriver à reproduire le maximum de matières utiles en peu de place, nous avons supprimé les préambules, hors-d'œuvre, textes abrogés et renseignements *douteux* ou *trop variables*, en nous attachant surtout à ne comprendre dans notre classement que les questions de principe et de pratique usuelle.

Nous ajouterons que les articles de ce dictionnaire sont dégagés de toute interprétation personnelle, à part, toutefois, quelques passages explicatifs où nous avons pu nous inspirer des vues éminemment pratiques, droites et élevées, puisées dans les rapports et ordres de service de notre bienveillant ingénieur en chef M. Thoyot. Mais, en général, le principal mérite d'un travail de cette nature doit consister dans une grande exactitude matérielle, et nous espérons, sous ce rapport, avoir atteint le but désiré.

Les employés et agents attachés aux services de chemins de fer, les *propriétaires riverains*, les *voyageurs*, les *commerçants*, les *expéditeurs*, les *fonctionnaires du contrôle*, les *ingénieurs*, les *magistrats* pourront consulter utilement ce recueil et y puiser des renseignements qui, par leur diversité même et leur dispersion dans un grand nombre de documents, échappent aux recherches, quelquefois au moment le plus opportun. À ce point de vue, tout le monde sait qu'en matière de chemins de fer, le plus simple renseignement recueilli à propos, peut prévenir, dans beaucoup de cas, un fait grave, une fausse démarche, ou arrêter à leur origine, les différends, les conflits et souvent aussi les procès ruineux.

Indépendamment des documents et règlements organiques, des décisions judiciaires et administratives, et d'un assez grand nombre de faits consacrés par l'expérience et par la pratique, nous avons résumé dans ce recueil les principaux résultats et les conclusions des enquêtes générales auxquelles ont donné lieu l'établissement et l'exploitation des voies ferrées. (*Recueils administratifs*, 1858 *et* 1863.) Ces renseignements, dont nous n'avons pas besoin de faire ressortir l'importance considérable, embrassent les divers détails du service des chemins de fer, et confirment d'une manière à peu près complète la stabilité des dispositions d'intérêt public qu'une longue expérience de l'exploitation a permis à l'administration d'adopter jusqu'à ce jour.

Nous croyons devoir faire connaître, en terminant, que cette publication a été honorée de l'adhésion de LL. EExc. le ministre de l'intérieur et le ministre de l'agriculture, du commerce et des travaux publics.

Paris. — Imprimerie de E. Jouset, Clet et C°, rue Furstenberg, 7.

Le DICTIONNAIRE LÉGISLATIF ET RÉGLEMENTAIRE DES CHEMINS DE FER, formant un volume grand in-8° compacte, de 750 pages, contient environ sept cents articles, parmi lesquels nous nous bornerons à citer les suivants :

Accidents — Actes de malveillance — Actions — Administration centrale — Affichage — Agents des compagnies — Aiguilles — Aiguilleurs — Alignements — Attelages — Avaries.

Bagages — Balast — Barrières — Bestiaux — Bifurcations — Bornage — Buffets.

Cahier des charges — Cantonnage — Canaux — Carrières — Céréales — Chambres de commerce — Chargements — Chaudières — Chauffeurs — Chefs (de dépôt, de gare, de section, de traction, de train) — Chemins communaux — Clôtures — Collisions — Commissaires — Compagnies — Compartiments réservés — Compétence — Composition de convois — Concessions — Conférences — Congés — Conseils (de préfecture, etc.) — Correspondances — Contraventions — Contrôle — Convois — Cours des gares.

Déchargement — Déchéance — Déclarations — Déclivités — Délais de livraison — Dépendances — Dépôts — Déraillements — Détaxes — Détresse — Domaines — Dommages — Douane.

Éclairage — Écoulement des eaux — Embranchements industriels — Employés — Enquêtes — Entretien — Épreuves — Essieux — Études — Exploitation — Explosions — Expropriations — Extraction de matériaux.

Factage — Finances — Force majeure — Frais accessoires — Fraudes — Frets — Fumeurs.

Garage — Garde-barrières — Garde-freins — Garde-lignes — Gares — Grande voirie.

Haies — Halles — Heures de service — Homologations — Horloges — Houille.

Impôt — Incendies — Indemnités — Ingénieurs — Inspecteurs — Intervalles entre les trains.

Journaux — Jury — Justice.

Lettres de voiture — Liquides — Livraison de marchandises — Locomotives — Lois.

Machines — Magasinage — Maires — Manœuvres — Marchandises — Marche des trains — Matériaux — Matériel — Matières dangereuses — Mécaniciens — Médecins — Messagerie — Militaires — Mines, minières — Modifications — Mouvements des convois.

Navigation — Neiges — Notifications.

Objets divers — Obligations — Occupation de terrains — Octroi — Omnibus — Oppositions — Ordonnances — Ordres de service — Ouvrages d'art — Ouvriers.

Payements — Parapets — Passages à niveau — Pénalités — Pensions — Personnel — Pesage — Pétards — Pilotage — Plaintes — Plans — Plantations — Plaques tournantes — Police — Ponts — Poseurs — Postes — Préfets — Prisonniers — Procès-verbaux — Procureurs généraux et impériaux — Projets — Publications.

Quais — Quittances.

Rachat — Rails — Rapports — Récépissés — Réceptions — Réclamations — Registres — Règlements — Réparations — Responsabilité — Ressorts — Retards — Retraites — Rivières — Roues — Roulage — Routes — Rues — Ruptures.

Sablières — Salles d'attente — Secours — Séquestre — Servitudes — Sifflet à vapeur — Signaux — Sonneries — Souterrains — Stations — Statistique — Surveillance.

Tampons — Tarage — Tarifs — Télégraphie — Terrains — Terrassements — Timbre — Tonnage — Traction — Trafic — Trains — Traités — Transports — Travaux — Traverses — Tribunaux — Tunnels.

Uniforme — Urinoir — Usines — Utilité publique.

Vente — Viaducs — Vitesse — Voie — Voie unique — Voirie — Voitures — Vols — Voyageurs.

Wagons.

Zones militaires.

BULLETIN DE SOUSCRIPTION.

Monsieur, vous voudrez bien m'adresser   exemplaire   du DICTIONNAIRE LÉGISLATIF ET RÉGLEMENTAIRE DES CHEMINS DE FER, *qui devr   me parvenir* FRANCO, *moyennant   francs que vous trouverez ci-joints, en un mandat sur la poste.*

Signé (1)

---

(1) *Indiquer lisiblement le nom et l'adresse. — Détacher cette demi-feuille, en y joignant le* mandat sur la poste et plier en forme de lettre. — *Prière d'affranchir.*

Monsieur E. LACROIX

Quai Malaquais, 15

PARIS.

L'EXPLOITATION

ET DE LA

LÉGISLATION DES MINES

EN ALGÉRIE ET EN ESPAGNE

PAR

M. A.-F. POTHIER

ANCIEN ÉLÈVE ET MEMBRE DU CONSEIL DE PERFECTIONNEMENT DE L'ÉCOLE CENTRALE
DES ARTS ET MANUFACTURES

PARIS

LIBRAIRIE SCIENTIFIQUE, INDUSTRIELLE ET AGRICOLE

Eugène LACROIX, éditeur

LIBRAIRE DE LA SOCIÉTÉ DES INGÉNIEURS CIVILS

15, QUAI MALAQUAIS

1864

Paris. — Imprimerie de P.-A. Bourdier et Cⁱᵉ, rue Mazarine, 30.

PRÉAMBULE

Après avoir coopéré à la découverte et aux premiers travaux de mines du district métallifère de Blidah, je publiai, en 1850 et 1852, deux notices sous le titre de l'*Influence de l'exploitation des mines sur la colonisation de l'Algérie.*

Ceux qui n'ont pas eu l'occasion de visiter des régions de mines en pays étrangers ont pu trouver ce titre ambitieux : il faut effectivement parcourir quelques-uns des districts des mines en exploitation pour se convaincre que l'extraction des produits minéraux est le plus puissant moyen de répandre le bien-être chez les populations; l'expérience apprend encore que ces produits sont rarement isolés, ils se groupent dans certaines zones étendues, et je crois encore que la bande métallifère reconnue sur quelques points, de Blidah à Ténez, peut devenir une source de prospérité pour les colonies agricoles dont les cultures s'étendent jusqu'à la base des montagnes.

Depuis plus de dix ans, le progrès des exploitations s'est arrêté dans la province d'Alger, la décadence des premières exploitations a paru justifier l'opinion des esprits pessimistes, l'industrie des mines y a même perdu ce prestige qui la favorisa dès 1844, époque de son début.

Il eût été superflu de solliciter de nouveau l'attention générale sur le mérite de l'industrie minérale en Algérie, si des circonstances ne m'eussent pas permis de participer à plusieurs exploitations de mines en Espagne. En obéissant à cet entraînement qui dirige, au delà des Pyrénées, le surcroît de notre activité industrielle, j'ai voulu étudier les motifs de ce détournement de nos ressources, de ce délaissement d'un élément fécond de prospérité publique; enfin, à la fin de l'année dernière, une visite en Algérie a confirmé mon opinion en me donnant l'espoir qu'en la basant sur des faits d'expérience, elle avait acquis un sérieux digne d'être livré à la publicité.

A la suite d'un résumé sur les ressources minérales de la province d'Alger, sur la situation faite aux exploitants par la législation, je décris la plupart des régions de mines importantes de l'Espagne en signalant les diverses circonstances qui ont présidé à leur mise en valeur, et je rapporte ensuite les ordonnances principales relatives à l'industrie minérale de la péninsule espagnole; je termine cette étude par des rapprochements entre ces deux pays de mines.

L'abandon des richesses minérales au delà de la Méditerranée, leur utilisation si active dans une contrée voisine n'a d'autre cause qu'une différence profonde dans la législlation comme dans les procédés administratifs qui interprètent la loi. En Espagne, il faut moins de temps pour obtenir une concession de mine et pour en retirer des produits qu'il n'en faut en Algérie pour recevoir un permis d'exploration insuffisant. En Espagne, le mineur peut poursuivre librement ses projets, la loi stipule tous ses droits et priviléges; il n'est soumis à aucune interprétation volontaire; tout son temps et tous ses fonds sont consacrés aux travaux directs, et il peut se mettre à l'œuvre dès qu'il a fait la déclaration légale *de sa mine*. En Algérie, nos administrations ont conservé les usages de la métropole, mais leurs rouages y sont plus multipliés encore; s'il est juste de reconnaître les soins pleins de loyauté avec lesquels elles instruisent les demandes, il faut avouer que leur attention scrupuleuse se traduit par des lenteurs d'autant plus fatales que la situation est lointaine.

L'Algérie se rapproche de l'Espagne par la distance, le climat et les besoins de la vie. Les populations agricoles se composent de Français et d'Espagnols ou Mahonais dans une proportion presque égale, ces derniers réussissent généralement mieux; ils y sont attirés par ces influences analogues qui jadis firent refluer les hordes arabes dans l'ancienne Ibérie.

L'Espagnol est plus avancé, plus éclairé qu'on ne le croit généralement dans le Nord; ses procédés sont simples, ses lois équitables. Avec peu et des moyens élémentaires il sait produire et utiliser les ressources de son territoire, ses terres irriguées sont des modèles de culture, ses travaux de mines où se révèlent la patience et l'audace,

ses innombrables recherches, sa métallurgie peuvent four-
nir les plus utiles enseignements aux exploitants de l'Algérie.

Les ordonnances qui règlent la législation des mines
sont la cause première de l'essor imprimé depuis trente
ans à l'industrie des mines de l'Espagne. Si le gouvernement français en appliquait les principes, il ferait surgir
dans ses possessions algériennes un élément de richesse
et de bien-être que le régime actuel condamne à l'abandon.

NOTICE

SUR

L'EXPLOITATION ET LA LÉGISLATION

DES MINES

EN ALGÉRIE ET EN ESPAGNE

***

Gîtes métallifères connus dans la province d'Alger.

Les ressources minérales de la province d'Alger sont considérables ; en visitant la collection des échantillons du service des mines, à Alger, on remarque que les minerais de cuivre sont les plus abondants ; puis, viennent les minerais de fer, de plomb, de zinc, et ceux d'argent associés aux cuivres gris et à la galène.

La notice minéralogique de M. Ville, ingénieur en chef des mines de la province d'Alger, expose la situation des mines concédées et celle des gîtes minéraux non concédés.

Six mines sont concédées aujourd'hui, ce sont : les mines des Mouzias et celles de Beni-Aquil, dont le minerai dominant est le cuivre gris argentifère ; les mines de l'Oued-Merdjah, de l'Oued-Allelah, du cap Tenez et de l'Oued-Taffilès, contenant des minerais de cuivre pyriteux.

Parmi les gîtes minéraux non encore concédés, ceux qui paraissent avoir de la valeur sont : dans le cercle de Blidah, les gîtes de cuivre de l'Oued-el-Kebir, de Hammam-Rhira, et plusieurs indices cuprifères aux environs de Dalmatie et de Soumah, signalés

1

jusque vers les rives de l'Harrach ; les filons ferrugineux du Djebel-
Mermoucha ; dans le cercle de Médéah, les minerais de cuivre et
de plomb de l'Oued-Berrani ; dans le cercle de Milianah, les minerais de fer, de cuivre et de plomb de l'Oued-Rehau et d'Aïn-Kerma,
ceux du Zaccar-Rharbi, de l'Oued-Adelia et d'Aïn-Soltan, les
minerais de cuivre et de plomb de l'Oued-Aïdous ; dans le cercle
d'Orléansville, les gîtes de fer du Djebel-Temoulga, le gîte de
blende et calamine de l'Ouarencénis, le minérai de plomb de
l'Oued-Fodda ; enfin, dans le cercle de Ténez, les minerais de
cuivre de Sidi-bou-Aïssi, les minerais de cuivre et de plomb de
l'Oued-bou-Hallou, les minerais de fer et cuivre du Djebbel-Haddid.
Si nous signalons encore les gîtes ou indicés contenant de la galène
dans la montagne de la Bouzaréah, près d'Alger, nous aurons cité
les principaux éléments connus de la richesse minérale de la province d'Alger.

Distribution des gîtes dans une bande minérale.

Ces gîtes métalliques affleurent sur une bande qui, partant à
l'ouest de Ténez et d'Orléansville, se dirige sur Milianah, Médéah,
Blidah, et se termine à l'est dans la vallée de l'Harrach ; cette
bande traverse de l'ouest à l'est les montagnes accidentées de
l'Atlas, sur 160 kilomètres de longueur ; elle n'a pas été encore
explorée dans ses prolongements probables, mais des indices, un
échantillon de galène argentifère rapporté des environs de Tiziou-
zou, donnent lieu de croire que les investigations seront fructueuses, jusque dans les régions de la grande Kabylie.

Ce court résumé démontre déjà que les minerais de cuivre sont
abondants dans la province d'Alger ; ils sont associés à la galène
principalement dans les gîtes de Milianah, et à l'argent dans les
cuivres gris.

Deux variétés de minerais de cuivre sont en exploitation, ils forment
des filons réguliers.

Des analogies d'allure et de composition existent entre les
gîtes de cuivre gris des Mouzaïas et ceux de Ténez, entre les
cuivres pyriteux de ce dernier cercle et ceux du cercle de Blidah ; le fer carbonaté et la baryte sulfatée forment la gangue des
premiers minerais, tandis que le cuivre pyriteux se trouve généralement lié dans une gangue calcaire formée d'ankérite, carbonate de chaux, de magnésie et de fer; la direction commune des
filons est E., N.-E., M., et ils s'inclinent généralement vers le
N.-N.-O.

Observons encore que ces filons, exploités à 140 kilomètres de
distance, traversent la stratification des couches du terrain tertiaire, et les couches schisteuses des terrains crétacés inférieurs
et jurassiques qui constituent les régions centrales des montagnes, en conservant les mêmes conditions d'allure, et nous pour-
rons conclure que leur origine résulte d'une même et puissante
propulsion souterraine. Ils ne dépendent pas de l'un de ces phénomènes isolés qui ont déposé ces petits amas superficiels dans
plusieurs régions des Alpes et des Pyrénées, ils appartiennent à
ces formations générales qui ont distribué les minerais de cuivre
dans les filons du Cornwall, dans les amas du Rammelsberg et de
Huelva, le plomb dans la Saxe, le Hartz, l'Andalousie, etc...

Si, dans la bande minérale qui nous occupe, on étudie le faisceau de filons dont les premiers affleurements commencent à la
base sud des montagnes des Mouzaïas, près du bois des Oliviers ;
si l'on suit ce faisceau dans la direction N.-E., E., M., jusqu'au-
dessus du village de Soumah, dans les contre-forts du nord qui
s'appuient sur la plaine de la Métidja, les mines des Mouzaïas, de
l'Oued-Merdjah et de l'Oued-el-Kebir, se trouvent assez exactement situées sur cette ligne droite. Dans ces deux dernières mines,
le cuivre pyriteux forme les zones minérales, les schistes durs et

les grès composent le terrain; aux extrêmités sud-ouest et nord-est, c'est le cuivre gris, riche aux mines des Mouzaïas, pauvre aux environs de Soumah, et le terrain est formé sur ces points extrêmes d'argiles schisteuses du terrain tertiaire. Cette modification dans le remplissage du système de filons n'altère en rien son allure normale, et il est intéressant d'observer que le cuivre gris, formé d'un ensemble de métaux plus volatils, s'est distribué aux extrémités des plans de fracture dans les terrains tendres, tandis que le cuivre pyriteux s'est concentré dans les terrains durs des régions centrales. Cette substitution de composition dans les filons est si manifeste, dans le sens de leur direction, qu'il est permis de croire qu'elle a pu se produire encore en profondeur dans le sens de leur inclinaison.

Les filons de la province d'Alger ne forment pas, sans doute, une exception à la loi générale de la distribution des minerais, et quand les galeries d'exploitation traversent des parties pauvres, stériles même, il ne faut pas croire qu'ils se perdent en profondeur. L'expérience démontre que les filons réguliers sont formés de zones riches alternant avec des zones stériles qui peuvent se succéder dans le sens de la direction horizontale, mais qui se poursuivent, en profondeur, suivant l'inclinaison, avec toutes les irrégularités de forme et de pente dépendantes de leur propulsion et de la nature du terrain. Ce faisceau de filons, ceux des environs de Ténez, ont été plus particulièrement étudiés dans la province d'Alger; les recherches suivent naturellement la direction des routes et les progrès de la colonie, les investigations ont pu se porter aux environs de Milianah; mais beaucoup de régions intermédiaires sont encore inconnues, et les gîtes minéraux déjà constatés peuvent bien donner l'espoir qu'il existe d'autres richesses perdues dans les sites montagneux de l'Atlas.

Cet aperçu démontre déjà que l'exploitation des mines de la province d'Alger peut exercer une influence favorable sur les progrès de la colonie; cependant, il est regrettable de constater aujourd'hui que cet élément de richesse est généralement abandonné, les travaux ne sont repris que sur deux concessions; les gîtes, objets de permis d'exploitation, ont à peu près le même sort, les recherches n'ont jamais été moins actives, et les affaires de mines inspirent dans le public une répulsion générale.

Cette situation ne dépend pas d'une insuffisance, ni dans les ressources minérales, ni dans les conditions d'exploitation, elle n'est pas non plus le résultat de cet agiotage sur les actions de mines et de ces erreurs dont on s'arme trop généralement pour flétrir les entreprises de mines. Certes, dans toutes les nations, des reproches ont été adressés à l'industrie des mines, mais il n'y a pas d'industrie plus difficile à créer, et il n'y a pas non plus de nations dont les moyens individuels ne soient parvenus à utiliser la valeur minérale.

Si l'on met à part la production des houilles et des fers, la France occupe le dernier rang des nations de l'Europe dans l'exploitation des mines. Cette situation est-elle due encore au manque de minéraux utiles et à l'insuffisance de l'industrie privée? Je ne me suis pas proposé d'étudier cette question à ce point de vue général, mais il est permis de croire que les motifs qui s'opposent aux recherches et à l'exploitation des gîtes métallifères d'une valeur incontestable, en Algérie, ont eu depuis longtemps pour effet général l'abandon d'un grand nombre d'anciennes mines dans la métropole.

De la législation des mines en Algérie.

C'est à la législation et aux règlements qui accompagnent la loi qu'il faut attribuer le délaissement de l'industrie des mines en Algérie. Déjà le législateur est entré dans la voie des réformes, et on peut espérer qu'il ne laissera pas son œuvre imparfaite.

Depuis plusieurs années, la loi sur les sociétés en commandite paralysait les industries du pays. Les pouvoirs conférés aux gérants, une responsabilité partagée entre eux et les membres des conseils de surveillance constituait une situation anormale. Dans les affaires de mines surtout, dont la direction est semée de tant d'écueils, l'omnipotence d'un seul a trop souvent produit des résultats déplorables; les conseils de surveillance, impuissants à enrayer le mal, réduits à donner des avis, à contrôler des actes, sans pouvoir les vérifier dans les exploitations lointaines, sont cependant responsables, dans des limites prévues il est vrai, mais ils sont responsables. De là cette aversion qu'ont la plupart des capitalistes pour les sociétés en commandite, et le petit nombre de sociétés qui se fondent aujourd'hui sous cette forme. Les sociétés civiles ont aussi leur danger, et l'anonymat n'est autorisé, dans l'industrie privée, que pour les entreprises déjà fondées et prospères.

La loi nouvelle, dite des sociétés à responsabilité limitée, est une amélioration importante; cette forme de société donne aux intéressés les principales satisfactions de l'anonymat, et elle est appelée à s'appliquer très-utilement à la mise en valeur des concessions de mines. La gérance est remplacée par un conseil d'administration nommé pour un temps limité par les actionnaires, les actes de ce conseil sont vérifiés par des commissaires spéciaux, et désormais les capacités et la fortune ne redouteront plus de s'associer dans les exploitations de mines.

Mais l'œuvre reste incomplète, la loi sur les mines et les règlements qui en dépendent mettent encore obstacle aux progrès de cette industrie; tel est le sujet que je me propose de traiter dans les paragraphes suivants.

Législation des mines.

La loi d'avril 1810 sur les mines et minières est appliquée en Algérie; les principes définis dans cette loi sont équitables, mais, dans la pratique, ils sont soumis à des règlements et à des interprétations dont l'influence est funeste aux progrès d'une industrie si digne de sollicitude.

Le titre III, section 1, dit que nul ne pourra faire de recherches que du consentement du propriétaire de la surface, ou avec l'autorisation du gouvernement, à la charge d'une préalable indemnité envers le propriétaire. Or, dans les régions vagues de la colonie où se trouvent généralement les gîtes métallifères, la propriété n'a jamais été définie; il est vrai qu'un décret impérial a reconnu les droits des indigènes, mais la reconnaissance des terrains vagues n'est pas faite, et le demandeur se trouve toujours embarrassé quand il veut se conformer à cette nécessité de la loi.

Cette situation de la propriété place le concessionnaire même dans cette singulière position d'exploiter sa mine, et de voir son exploitation tolérée par la bienveillance des administrations locales; le titre VII, section IV de la loi, lui défend d'établir des fourneaux à fondre les minerais, des ateliers de préparation mécanique des minerais sans une permission; les administrations des mines, des ponts et chaussées et des forêts sont consultées, mais il faut produire les titres de propriété ou le consentement du propriétaire. Il existe dans la province de Constantine une société prospère, dotée des bienfaits de l'anonymat, et qui fait entrer dans les caisses de l'État ses redevances annuelles sur les produits nets de l'exploitation de ses minerais; le gouvernement recueille les fruits d'une grande et belle exploitation qui emploie des ateliers de préparation mécanique; mais la propriété du terrain n'est pas définie, et si l'administration ne tolérait pas cette situation anormale, il faudrait suspendre les travaux au préjudice de l'État et des populations ouvrières.

Le titre III, section II, traite des motifs de préférence à accorder pour les concessions de mines. Le gouvernement se réserve le droit d'accorder la concession d'une mine au demandeur auquel il donnera la préférence, qu'il soit propriétaire de la surface, inventeur ou autre. L'inventeur d'une mine n'a de droit qu'à une indemnité de la part du concessionnaire, et l'acte de concession règle les droits des propriétaires de la surface.

Les termes de la loi sont précis, mais l'application soulève de graves difficultés; quel est l'inventeur d'une mine? Cette qualité appartient-elle à celui que des études géologiques ou que le hasard aura conduit soit sur des affleurements, soit sur d'anciens travaux, ou seulement à celui qui aura reconnu un gîte au moyen de travaux? Dans ce dernier cas, où les travaux devront-ils s'arrêter? Chaque ingénieur des mines, chaque administrateur, résout ces questions suivant son inspiration, sa manière personnelle d'apprécier. La loi favorise l'inventeur, mais elle ne dit pas ce que l'administration doit entendre par ce terme : invention d'une mine.

A mon point de vue, l'inventeur d'une mine est celui qui le premier la signale au gouvernement, en témoignant la volonté de l'exploiter; l'invention interprétée ainsi s'applique à la découverte d'une mine comme aux moyens d'en utiliser les ressources, et elle devrait être un droit acquis à une concession immédiate. Cette disposition est pratiquée en Espagne, où elle imprime un essor prodigieux à l'industrie des mines; avant d'en faire une étude spéciale, je constate, dès à présent, que la loi française y gagnerait la lucidité qui lui manque et une simplicité désirable dans les rouages administratifs.

Le titre IV, section i, règle les conditions à remplir pour l'obtention des concessions; dans la section ii, les droits à payer à l'État sont de 10 francs par kilomètre carré de surface de la concession et une redevance proportionnelle sur les produits nets est fixée à un maximum de 5 pour cent.

Les droits fixes sont justes, il n'y aurait pas d'inconvénient à en augmenter la quotité; c'est, en effet, une garantie, la meilleure de toutes, qui puisse contraindre le concessionnaire à exploiter ou à faire l'abandon de sa mine. La redevance proportionnelle agit sévèrement sur l'exploitant dont les travaux, dignes de la plus grande sollicitude, viennent apporter au pays une source abondante de revenus indirects. Quand une société de mine a su triompher de tous les obstacles, en Algérie, au prix de capitaux considérables, l'État, qui donne des primes à certaines cultures et des encouragements aux colonies agricoles, frappe d'un impôt de 5 pour cent, du maximum des redevances légales, une industrie à laquelle il ne manque qu'un régime libéral pour stimuler la richesse dans les trois provinces. Mais là, encore, la loi n'est pas définie et l'exploitant est exposé à des règlements facultatifs. Qu'entend-on par le produit net d'une exploitation? Trop souvent l'administration refuse de comprendre dans les frais d'exploitation les dépenses générales en frais généraux, de direction, etc. Le gérant ou le conseil d'administration d'une société qui distribuerait à ses actionnaires le produit net tel qu'il est réglé dans cette mesure fiscale, s'exposerait à être sévèrement condamné par les tribunaux. Il y a plus, le véritable produit net d'une exploitation ne doit-il pas se calculer sur la somme restante après avoir prélevé un taux d'intérêt sur les capitaux engagés. C'est encore la loi espagnole que je citerai comme exemple à cet égard : redevance fixe augmentée et redevance proportionnelle annulée dans les ordonnances nouvelles.

J'ai dit que l'Algérie était un vaste champ d'explorations minérales ; peu de mines concédées, un grand nombre mises en exploration, beaucoup abandonnées, et je le crois, des ressources d'une valeur incalculable négligées sur la plus grande étendue de la colonie.

Difficultés auxquelles sont soumises les demandes de concessions de mines.

Une loi qui favorisera les recherches et multipliera le nombre des concessions de mines sera l'un des plus grands bienfaits que puissent aujourd'hui demander au législateur les populations des trois provinces de l'Algérie ; il suffira de faire l'historique des difficultés que rencontrent les sociétés qui veulent exploiter des mines pour démontrer la nécessité de modifier la loi d'avril 1810 ou du moins les règlements.

En Afrique, les explorations sont difficiles et coûteuses : les gîtes métallifères ne se trouvent généralement pas dans les plaines unies, il faut les rechercher sur les pentes rapides des montagnes ou dans les vallées torrentielles; dès qu'un ingénieur a découvert un gîte ou dès qu'il y aura été conduit par un habitant du pays, il devra, avec tout le mystère possible, s'assurer des conditions et de la valeur apparente des minerais, un bon choix est souvent le résultat d'un grand nombre de courses infructueuses et de frais importants; mais le choix est fait, et si l'administration sanctionne l'opinion du demandeur, il obtient, six mois ou un an après son instance, un titre de permis d'exploration valable pour une année.

Ce titre ne constitue pas un droit acquis à la concession du gîte minéral, et dès qu'un particulier ne s'expose que rarement seul aux chances des travaux de mines, le porteur du titre ne trouve que dans les associations de capitaux les moyens d'entreprendre des recherches. Privé, dès le début, de la garantie d'un droit légal et de celle que donne la propriété, il forme péniblement une société civile. Si la dépense ne devait pas avoir d'importance, quelques parts d'intérêts, prises dans une réunion d'intimes, formeraient une base suffisante d'opérations, mais l'administration exige des travaux souvent très-étendus avant de déclarer la mine concessible. Quand, sur un point isolé, il faut ouvrir des chemins, établir une forge et des habitations provisoires, percer des puits ou galeries, se pourvoir de tous les objets nécessaires à la vie comme aux travaux, la raison s'effraye de tant de sources de dépenses que le succès même des investigations n'appuie d'aucune protection sérieuse.

Où doivent, en effet, s'arrêter les travaux de reconnoissance? Aujourd'hui le filon est atteint, sa coupe aux avancements souterrains présente les plus belles apparences, les ingénieurs officiels et non officiels déclarent la mine concessible, l'exploitation fructueuse; demain le minerai a disparu, le filon est tout aussi bien défini, mais le prestige n'existe plus, et avant de se prononcer il faut continuer la galerie, en ouvrir une seconde, etc... C'est qu'en effet on veut juger une question variable d'un jour à l'autre pour celui qui ne suit pas sans cesse l'allure de ses travaux; il y a plus, dans les mines concédées, revêtues de cette espèce de garantie que l'État veut en quelque sorte donner à l'industrie, nulle question n'est plus délicate à résoudre que celle qui se rapporte à la continuité du minerai au delà des points connus. Si les mines concédées offrent des exemples de tant d'opinions diverses, de la part des ingénieurs, que doit-on penser des avis manifestés, en bien ou en mal, sur la valeur des gîtes soumis aux reconnaissances les plus étendues !

Dans le doute, et le doute peut toujours se produire, que les apparences soient pauvres ou soient riches, que les recherches soient prolongées en profondeur ou seulement superficielles, on peut se demander pourquoi l'administration refuse des permis d'exploration, et pourquoi elle se décide si rarement et si difficilement à convertir ces permis en concessions définitives.

L'administration veut s'assurer que la mine est bonne et que le concessionnaire la mettra utilement en exploitation. Mais les apparences n'empêcheront jamais, avec ce système, ce double écueil de livrer à l'industrie une mauvaise affaire et de condamner à l'abandon une richesse intéressante, que la persévérance du mineur eût pu déceler au moyen d'un titre de propriété; dans tous les pays de mines, on trouve des exemples du danger de ces jugements préconçus. Quant aux garanties personnelles que l'État recherche chez le concessionnaire, il est désirable, sans doute, que la mine devienne la propriété d'une personne honorable et riche, mais une concession de mine est toujours exploitée par une société, elle peut être vendue, et, dans tous les cas, le concessionnaire en nom n'a jamais qu'une participation dans la direction imprimée aux opérations de l'entreprise, souvent même il ne tarde pas à s'en éloigner.

L'autorisation donnée dans les permis d'exploration d'utiliser les minerais extraits dans les recherches est une compensation illusoire; il n'est pas possible, en effet, de construire des ateliers de concentration minérale, nécessaires pour mettre en valeur la plupart des mines, avec les ressources bornées d'une société provisoire; une exploitation ne couvre ses frais qu'en abattant des massifs explorés, et il faudrait abandonner les ateliers pendant la durée de l'instruction de la concession.

Quand, cependant, l'administration a déclaré une mine concessible, l'instruction commence et elle ne s'achève qu'au bout de plusieurs années. Les travaux sont suspendus, au risque d'en perdre les bénéfices, faute d'entretien ; d'incalculables frais de voyages sont nécessaires pour suivre la marche lente d'une instruction qui commence à Alger et se termine à Paris ; le fonds social s'accroît des intérêts perdus, et la plus fâcheuse disgrâce, c'est que, pendant les quatre à six années qui s'écoulent depuis l'époque où le projet d'exploitation a été conçu, jusqu'au moment où paraît le décret de concession, les idées ou la position des intéressés se sont modifiées, le crédit est usé, l'engouement a fait place à l'indifférence, et les administrations, après leurs longs travaux d'instruction, ne délivrent le plus souvent que le titre d'une concession abandonnée de tous.

Les administrations veulent préserver l'industrie des mines contre les effets funestes de l'agiotage, elles craignent de donner un aliment aux spéculations coupables en instituant en concessions des ressources minérales incertaines ; mais en voulant rectifier des abus, elles indisposent les éléments les plus sérieux de l'activité industrielle, elles détournent de la colonie les capitaux d'exploitation qui vont s'employer dans une contrée voisine où les mines sont régies par une loi libérale et des règlements équitables.

Les abus atteignent toutes les industries, celles des chemins de fer, des manufactures, et celles relatives aux produits des cultures ; l'association des capitaux est la source indispensable de tous nos progrès ; est-il venu à la pensée du législateur de restreindre une seule de ces branches de la richesse, sous le prétexte de poser des entraves à la spéculation ? les tribunaux n'ont-ils pas la mission de s'opposer aux abus et de les flétrir ?

L'industrie privée, dans les mines comme dans toutes les branches de la production, doit être libre d'exploiter telle ressource qu'elle croit utilisable. Quand l'exploitant a étudié la nature du minerai, la teneur en métal, la quantité qu'il peut extraire, les substances étrangères qui entrent dans la composition de la roche, les moyens de transport, le mode d'enrichissement ou de concentration minérale ; quand il a fait le compte de ses prix de revient et celui des opérations commerciales de la vente, il arrive souvent que toutes ces conditions réunies produisent un bénéfice sous une direction, ou une perte sous une autre tout aussi honorable.

C'est que l'exploitation des mines offre les plus grandes difficultés. Le gouvernement qui voudrait décider sur l'aptitude de l'exploitant y réussirait moins bien qu'une société d'actionnaires ; c'est en multipliant le nombre des exploitations que l'État interviendra utilement, et que l'industrie des mines profitera sans cesse des leçons de l'expérience.

La loi doit s'appliquer à la concession des gîtes métallifères de toutes les espèces ; sans doute l'existence des filons classiques est constatée dans les mines concédées, et si celles-ci ne sont pas toutes exploitées, il faut en accuser l'opinion publique que des règlements restrictifs ont détournée de l'industrie des mines ; ce serait donc une erreur de croire inopportune l'institution de concessions nouvelles, tant que les anciennes resteront abandonnées ; la confiance renaîtra chez tous les exploitants, dès qu'elle aura été stimulée par le législateur.

Les règlements administratifs, si fâcheux à l'égard de l'exploitation des gîtes métallifères les mieux définis, sont inexécutables dès qu'il s'agit d'exploiter les gîtes superficiels, incertains ou de peu d'étendue ; ces gîtes, peu importants en eux-mêmes, représentent cependant une valeur intéressante par leur multiplicité, dans tous les pays de mines. Si un gîte ne renferme que pour 10,000 francs, par exemple, de minerai, pourquoi en négliger l'extraction ? Si sa valeur était dix fois plus forte, se trouverait-il un seul industriel qui consentît à se mettre en instance pour en obtenir la concession ? Il s'exposerait à dépenser plus que ne vaudrait son exploitation, et l'administration n'accueillerait probablement pas sa demande. La loi entrave donc

d'une manière absolue l'exploitation d'une portion de la richesse
minérale ; c'est là une situation bien regrettable, non-seulement
parce que des gîtes dont on peut retirer quelques produits sont
condamnés à l'abandon, mais il y a plus, ces indices négligés,
ces apparences pauvres et limitées, ne cachent-elles pas quelquefois des richesses inattendues, que le mineur exercé décèle sous
son outil.

Je ne viens pas publier ici une spéculation théorique ; si l'on
voulait s'imaginer le développement que peut prendre l'industrie
des mines de l'Algérie, sous l'empire d'une loi libérale, il faudrait
étudier une contrée rapprochée de la colonie et de la France, il
faudrait parcourir l'Espagne ; on reconnaîtrait bientôt que sous le
rapport du climat, de la constitution géologique du terrain, de la
nature des gîtes métallifères, que sous le rapport des grands reliefs de la surface et des phénomènes qui les ont produits, la
péninsule espagnole offre avec l'Algérie les plus frappantes analogies ; le législateur reconnaîtrait encore que le merveilleux développement qu'a pris l'industrie minérale en Espagne est dû aux
lois et aux règlements qui la gouvernent.

Ces observations sur le régime de la loi des mines appliquée en
Algérie ne sont pas nouvelles ; elles sont manifestées par les intérêts généraux de l'industrie minérale. En 1850 et 1852, j'exposais
dans une notice que les règlements entravaient le progrès des
exploitations de mines. Depuis, ayant coopéré à ce mouvement
industriel qui se détourne en quelque sorte de notre colonie, et se
dirige en Espagne, il m'est permis d'appuyer mes convictions par
des faits, qui vont se produire dans une description abrégée des
mines de cette péninsule.

Des mines en Espagne.

Sous le rapport de l'industrie minérale, l'Espagne se rapproche
des conditions d'une colonie nouvelle. Les mines exploitées par
les Carthaginois, les Romains et les Maures étaient encore en

faveur au commencement du seizième siècle, époque à laquelle le gouvernement frappa d'interdit les exploitations particulières, et dirigea sur le nouveau monde toutes les forces vives de la nation. L'Espagne, dont les populations vaincues se virent condamnées au travail des mines, et qui avait approvisionné Carthage et Rome de ses métaux, asservit à son tour les indigènes du Mexique et du Pérou, et les employa à l'extraction des richesses renfermées dans ces contrées conquises. Le gouvernement continua l'exploitation, à diverses époques, et pour son propre compte, des mines de mercure d'*Almaden*, des mines de cuivre de *Rio-Tinto*, et de quelques mines de plomb et d'argent ; après la proclamation de l'indépendance des États de l'Amérique du Sud, au commencement de notre siècle, le gouvernement espagnol voulut rechercher dans son territoire les métaux qu'il avait recueillis en Amérique pendant une domination de trois siècles.

Un premier décret du 4 juillet 1825 leva l'interdit qui éloignait les forces individuelles de l'exploitation des mines dans la métropole et provoqua, sur les terrains connus par les anciens travaux, un mouvement de reprise dont rien ne peut dépeindre l'activité. Le jour où les ordonnances firent connaître qu'il suffisait de dénoncer une mine et de la mettre en exploitation pour en recevoir la concession, fut le signal d'une transformation profonde.

Les mineurs couvrirent d'abord de leurs travaux ces provinces de l'Andalousie où s'étaient conservées les traditions et les vestiges des exploitations de l'antiquité et du moyen âge : l'histoire, qui remonte à Tite-Live, des excavations profondes, des accumulations de scories révélaient, dès le principe, des richesses considérables. Il suffit d'une année pour faire surgir 3,500 mines dans les sierras de Gador et de Lugar, une ère de prospérité s'ouvrit sur ces régions montagneuses jadis abandonnées.

La loi du 11 avril 1849 régularise la propriété des mines et augmente la superficie des concessions ; cette nouvelle mesure fut un nouveau stimulant, et l'industrie des mines s'étendit dans toutes les provinces de la Péninsule. Le marteau, dans la main de l'ingénieur, de l'habitant des villes et des campagnes, atteignit, pour ainsi dire, toutes les roches apparentes; des provinces entières furent investiguées jusque dans les plis les plus inaccessibles des sierras.

Avant 1825, des peines sévères punissaient celui qui se permettait d'extraire des minerais utiles, fût-il même propriétaire du terrain; depuis, une législation libérale, en rendant l'exploitation des mines populaire, excita le prodigieux développement des richesses dont je me propose de donner un aperçu.

Mines d'argent de Hiendelaencina (1).

La découverte des mines d'argent d'*Hiendelaencina* détermina, en 1844, un engouement qu'on ne peut mieux qualifier qu'en rendant l'expression indigène de *el furor minero*. Dans les premières années de ce siècle, un moine, venu d'Amérique, passait aux environs du pauvre village d'Hiendelaencina, situé dans ces montagnes arides de la province de Guadalajara; il vit un pasteur lançant une pierre blanche sur son troupeau, et il lui dit, après avoir examiné la pierre : Insensé! c'est ainsi que tu jettes au loin ta fortune et celle de tes proches.

Le moine connaissait la gangue qui s'associe aux minerais d'argent du Mexique, la pierre blanche du berger se composait de baryte sulfatée et de quelques traces de minerai argentifère, elle provenait d'une roche dans laquelle devait s'ouvrir la célèbre mine de *Santa Cecilia*.

M. P. Gorritz, receveur des contributions, étant, en 1844, en tournée de recette, eut l'idée de vérifier la tradition de la pierre blanche, il détacha un échantillon sur la roche, il s'associa à M. A. Orfila, et il fut reconnu, dans le laboratoire de l'École des mines de Madrid, que le minerai était un composé de sulfure,

1. Extrait des rapports collectifs de MM. Amalio Maestre et de Nouvion sur les mines d'argent.

d'arséniure, de bromure, et de chlorure d'argent mêlé d'argent natif. Bientôt, *la Santa Cecilia, la Fortuna, la Perla, la Suerte*, etc., douze mines principales sont mises en exploitation avec des résultats heureux ; une seule de ces sociétés, celle de la Suerte, avait distribué à ses actionnaires 7,800,000 francs, somme énorme relativement au capital insignifiant que les sociétés espagnoles engageaient dans les exploitations.

Les gîtes affleurent dans les schistes anciens et les gneiss, ils se rattachent à l'éruption des roches porphyriques ; M. A. Maestre, ingénieur du corps royal des mines, les divise en quatre systèmes de gîtes. Le premier se dirige E.-N.-E. avec un pendage vers le N. et comprend 10 mines principales. Le second, qui court E.-O., compte 15 mines. Le troisième, se rapprochant de la direction N.-S., est exploité dans 4 mines principales. Le quatrième système, reconnu par 5 mines, se dirige vers le N.-N.-E.

Les gîtes sont des filons réguliers, la gangue est composée de baryte sulfatée, de fer carbonaté et de quartz ; les minerais sont un sulfo-arséniure, un sulfo-antimoniure d'argent, un chlorure, un iodure et un bromure du même métal, enfin de la galène et du cuivre pyriteux.

Les filons sont généralement pauvres aux affleurements, les premières exploitations ont été ouvertes et poursuivies dans les zones les plus minéralisées, près de la surface ; généralement les concentrations riches dans les filons ne se trouvent qu'à des profondeurs de 200 mètres et au delà. Cette circonstance a fixé l'attention de capitalistes étrangers qui ont acquis un grand nombre de concessions sur les prolongements probables des filons en direction et en profondeur, et qui reconnaissent et exploitent les filons dans toutes les règles de l'art. On cite la société anglaise *el Arcangel*, la société *el Apostolado* et la société franco-espagnole *la Péninsulaire*.

Il est intéressant de signaler ce fait de la minéralisation des filons d'Hiendelaencina en profondeur, et de leur constatation dans les puits ouverts sur le terrain stérile en suivant les condi-

2

tions d'allure propres aux zones connues. Heureux sont les mineurs qui trouvent aujourd'hui les premiers boutons argentifères 25 mètres au-dessous des affleurements, ou quand, à 100 mètres la gangue de fer carbonaté domine, ils ont un indice favorable du voisinage de la zone riche.

La richesse exceptionnelle des filons explique le grand nombre de sociétés qui les exploitent, les bénéfices énormes réalisés, et le développement imprimé aux travaux en profondeur. Les minerais très-mélangés dans la gangue sont utilisables, les zones riches rendant 8 kilogrammes et jusqu'à 15 kilogrammes d'argent par tonne. Peut-être, un jour, les travaux auront-ils l'étendue du Samson, puits ouvert jusqu'à 1,000 mètres de profondeur, dans un filon analogue, à Andréasberg.

Mines d'argent de la Sierra-Névada.

Les mines de la Sierra-Névada étaient célèbres dans l'antiquité. De profondes excavations et des amas de scories attestent que les anciens dominateurs de la Péninsule y puisèrent des richesses. Cette sierra domine Grenade, ses vallées sont profondes, ses pentes escarpées et ses eaux torrentielles. Dès l'année 1830, M. A. Maestre entreprit l'exploration pénible de cette montagne sauvage; il révéla l'existence de filons argentifères puissants, et, voulant les reconnaître, il réunit, en 1851, les capitaux nécessaires pour les couper en profondeur au moyen de deux galeries.

Ces galeries, connues sous le nom de *la Esploradora* et de *el feliz Pensamiento*, coupèrent un filon de 2^m,50 de puissance, traversèrent d'anciens travaux et reconnurent un faisceau de filons importants. Le rendement fut estimé de 7 et 9 kilogrammes d'argent par tonne de minerai. Ce succès eut un grand retentissement dans le monde des mineurs, chacun voulut avoir sa mine dans la Sierra-Névada où plus de 6,000 mines furent enregistrées.

La formation géologique de la Sierra-Névada est simple, dit M. A. Maestre; elle se compose de schistes argileux, talqueux et magnésiens, chargés de grenats qui se décomposent à l'air, en communiquant aux terrains tertiaires et aux alluvions qui les avoisinent une couleur rouge caractérisée. Les roches éruptives de ces montagnes sont les porphyres, les diorites, serpentines, trachites et la lave.

Les fractures déterminées par l'éruption de ces roches ont engendré les filons; le système général se dirige au N.-E. Le remplissage des filons est le fer spathique, une petite proportion de quartz et du schiste encaissant. Le minerai se compose de cuivre pyriteux, de sulfures d'argent et d'antimoine.

Les affleurements forment des arêtes ferrugineuses et des dépressions; l'on n'y trouve que des grains de cuivre pyriteux d'une faible teneur en argent; en profondeur, le minerai forme des veinules et des taches empâtées dans la gangue. Les conditions d'exploitation sont favorables, les galeries débouchent au jour sur les flancs élevés de la sierra.

Mines d'argent de Guadalcanal.

Les gîtes de Guadalcanal, en Estramadure, sont des filons formés d'une gangue de baryte sulfatée et de calcaire, le minerai est un argent antimonié; ils sont encaissés dans les schistes de transition. Les mines anciennement exploitées furent affermées, au commencement du dix-septième siècle, aux frères allemands Fugars, qui y firent une fortune considérable, et payèrent à l'État des sommes qui s'employèrent à l'édification du château royal de l'Escurial. Aujourd'hui, les travaux ont été repris et n'ont pas donné de résultats importants.

Mines de plomb de la province d'Alméria.

Au S.-E. de la Sierra-Névada, du côté du littoral, se trouvent les anciennes mines des sierras de Gador et de Lagor mises en exploitation avec tant de vigueur depuis 1825. Les mines sont ouvertes sur les gîtes irréguliers encaissés dans les couches compactes du calcaire silurien et dans les schistes anciens. Ces gîtes, soumis à toutes les vicissitudes des amas irréguliers, se sont appauvris ; l'exploitation, qui occupait jusqu'à 10,000 ouvriers, a perdu une grande partie de son importance. Le minerai de galène est riche en plomb ; il forme, dans la roche encaissante, des veines et des rognons.

À l'est de la province d'Alméria se trouve la Sierra-Almagrera, sillonnée de filons de galène argentifère. On y remarque une ancienne galerie romaine, très-étendue et percée avec une rare perfection. Sa section de 4^m,20 sur 1^m,70 de largeur, est divisée en deux étages, dans le but probable de faciliter la ventilation. Cette galerie a dû servir à l'exploitation de plusieurs filons ; elle est en partie obstruée par les déblais des exploitations.

Les filons encaissés dans le mica-schiste sont généralement composés de fer carbonaté, de quartz, de baryte sulfatée et de galène contenant des proportions d'argent de 3 à 4 kilogrammes par tonne ; mais, en profondeur, elles se réduisent à 1 kilogramme et la proportion de plomb varie de 10 à 33 pour cent.

Les filons ont jusqu'à 2 et 4 mètres de puissance, et ils courent vers le N.-N.-E. Les travaux ont suivi l'inclinaison des filons jusqu'à 170 mètres de profondeur, et n'y ont pas constaté d'interruption.

Les exploitations les plus importantes de la Sierra-Almagrera sont celles du *Baranco frances* ; elles appartiennent à des sociétés étrangères, qui doivent leur prospérité à leurs capitaux comme à leur persévérance.

Mines de plomb de la province de Murcie.

Les mines les plus célèbres de l'antiquité furent celles des environs de Carthagène, comme exploitation de plomb argentifère. L'histoire relate les richesses énormes retirées des puits d'Annibal ;

les fouilles ont mis à découvert des masses considérables de scories, d'anciens fourneaux romains, de saumons de plomb, des barres d'argent et des statues. Ces découvertes attestent l'importance de ces gîtes et le génie des anciens dominateurs de l'Espagne.

Ces mines dépendent de la même bande qui suit le littoral de la mer, depuis la sierra de Gador jusqu'à Carthagène, dans les provinces d'Almeria et de Murcie.

La Sierra-Almagrera s'étend dans ces deux provinces. Ses richesses n'étaient utilisées, depuis des siècles, que par des fabricants de poteries, qui ramassaient sur le sol le peu de galène qu'ils employaient pour vernir leur faïence.

En 1838, une inspiration individuelle fut l'origine de la prospérité de la province. Un officier, M. J. Lopez, fit l'essai de ces minerais de plomb, il y reconnut de l'argent, et il y dénonça la mine *Carmen*.

Les premiers travaux dans la mine *Carmen* produisirent des bénéfices, mais ces bénéfices dépassèrent toutes les prévisions le jour où le puits coupa le filon *Jaroso*, au bout de 15 mètres. La puissance du filon de 6 à 13 mètres, la teneur en argent, de 7 à 8 kilogrammes par tonne, justifient les bénéfices énormes des actionnaires, qui, en vingt ans, se sont distribué plus de 130 millions de francs.

L'exemple de la Société de la mine Carmen fut suivi. Plus de huit mines s'ouvrirent sur les prolongements du *Jaroso* et sur ses diverses branches ; les heureux actionnaires n'eurent généralement pas de capital à verser, et une maison de banque qui fit l'avance des premiers fonds d'exploitation popularisa chez tous les habitants les recherches et les exploitations.

Le filon Jaroso et les principaux filons de la province sont encaissés dans ces mêmes couches de calcaire siliceux et de schiste soulevées par l'éruption des porphyres, des trachites et des basaltes. La gangue de fer carbonaté accompagne la galène à grains fins et argentifère, comme elle accompagne si généralement les minerais d'argent. Les travaux ne sont pas poursuivis au delà de

170 mètres de profondeur ; ils sont généralement arrêtés à ce niveau par l'abondance des eaux. Les exploitants se disposent à développer des travaux plus profonds dès que les deux grandes galeries d'écoulement qui s'ouvrent dans la Sierra-Almagrera auront été terminées.

Mines de plomb de la province de Jaen.

On exploite, aux environs de Linarès, une zone de filons contenant de la galène rarement argentifère, une gangue calcaire mélangée à la roche granitique qui constitue le terrain. Leur direction générale court vers le N.-E.-E. ; leurs affleurements sont étroits, mais ils ont une tendance à se réunir en profondeur, où ils produisent des renflements riches. Ainsi, les trois filons de la mine du *Pozo-Ancho*, vus en coupe verticale, sont espacés à 12 mètres d'intervalle au niveau de 100 mètres ; à la profondeur de 200 mètres, deux filons sont réunis, et le troisième filon ne s'en écarte plus que de 5 mètres.

Ces minerais sont fondus dans plusieurs usines concurremment avec des scories provenant des exploitations anciennes.

Mines de plomb dans les autres provinces.

Les minerais de plomb sont encore répandus dans d'autres régions de la Péninsule. Des fonderies exploitent des amas de scories anciennes dans la province de Cordoue à *Posadas*, dans la province de Ciudal-Réal à Niélfa. Au Puerto San-Vicente, province de Tolède, un système de filons se dirige E.-O. en coupant les couches de schiste argileux ; la gangue est formée de quartz et de carbonate de chaux ; le minerai est une galène peu argentifère et du cuivre pyriteux.

Dans les provinces du Nord, la galène s'exploite dans le faisceau de filons de *San-Blas*, près de Beasen ; dans la mine de *San-

Narcisso, située près d'Irun, un puits de 90 mètres de profondeur a coupé un filon puissant de spath fluor contenant de la galène disséminée. Dans les Pyrénées espagnoles, la galène forme un grand nombre de nids et d'amas de peu d'importance associés aux gîtes de zinc.

Mines de zinc dans les provinces du Nord.

Les minerais de zinc sont très-abondants dans les provinces du nord de l'Espagne. Depuis la Bidassoa, qui limite la frontière de France au sud-ouest de Bayonne, jusque dans la province des Asturies, les versants septentrionaux des Pyrénées espagnoles sont couverts, sur plusieurs zones, de champs d'investigation et d'exploitation.

A peu de distance du pont de la Bidassoa, dans les mamelons d'Oyarzun, appartenant à la formation schisteuse et granitique, on trouve un faisceau de filons dont la gangue est le spath fluor, le schiste, le quartz; le minerai est formé de fer carbonaté et de blende contenant des parties de galène et de cuivre pyriteux. Dans une ancienne et grande excavation souterraine que j'ai parcourue sur plus de 150 mètres de longueur, ces minerais, dispersés en veines étroites, ont cependant dû avoir jadis de l'importance.

En se dirigeant vers l'ouest, et principalement aux environs du littoral, on traverse les régions montagneuses formées d'assises calcaires des terrains crétacé et jurassique, et de strates argileuses; cette bande se prolonge jusqu'à la limite des terrains carbonifères des Asturies. On y trouve les dépôts calaminaires d'Arallar, de Segama, de Motrico, de Marquina et d'Aulestia, ceux de la Nestosa, etc... Ces dépôts, exploités pour la plupart aujourd'hui, se présentaient sous la forme d'affleurements de filons et d'amas encaissés dans le calcaire et l'argile; mais ces affleurements avaient peu d'étendue, les filons mal définis, les amas trop restreints dans leurs cuves calcaires, s'ils ont pu produire dans leur ensemble une certaine quantité de calamine, j'ai pensé que leur exploitation n'aurait pas d'importance comme résultat; elle n'a plus effectivement d'intérêt à une profondeur de 15 à 30 mètres, dans les gîtes douteux et étroits dont les minerais n'ont pas une grande valeur.

Le fait signalé dans la province d'Alméria pour les minerais de galène se reproduit dans le Nord à l'égard des calamines. Les amas de la sierra de Gador et de Lagor ont conduit aux riches filons de la Sierra-Almagrera; les dépôts de calamines que je viens de signaler sont comme un avant-coureur des puissants amas de la province de Santander, avec cette différence économique que les minerais de plomb, quand ils sont abondants, donnent aux exploitants plus de profit que la calamine.

Mines de zinc de la province de Santander.

Une bande métallifère était manifeste à l'ouest de la ville de Santander; des recherches se poursuivaient en 1854, sur la zone qui borde la mer entre les petites villes de Santillane et de San-Vicente, sur 30 kilomètres de longueur, et qui s'étend au sud sur 15 kilomètres du côté de Torrelavega; des assises de calcaire gris-bleuâtre, traversées du S.-O. au N.-E. par des rubans de dolomies rouges et scoriacées, accusaient une action métamorphique très-énergique. Les mineurs y recherchaient des minerais de plomb qui se trouvent en effet très-disséminés dans la dolomie. M. L. Terraillon, ingénieur français, eut l'occasion de visiter cette zone d'investigation; il pénètre dans l'excavation souterraine de l'*Aparesida*, il étudie la roche découverte dans un grand nombre de mines, il remarque les affleurements, il annonce que le plomb est accidentel, et que les travaux anciens et modernes sont ouverts dans des gîtes importants de calamine. Chargé de vérifier la découverte de M. Terraillon, je dus reconnaître les gîtes qu'il était le plus utile de réunir pour fonder une exploitation et les distinguer des gîtes, bien plus nombreux, qui n'avaient qu'une importance douteuse; je constatai l'existence manifeste de plus de 150,000 tonnes de calamine ; aujourd'hui, après huit années d'exercice, la compagnie, qui a pu commencer son exploitation dès 1855, a exporté 100,000 tonnes de calamine calcinée, et la puissance des gîtes est trop considérable pour qu'il ne soit pas permis d'attendre une continuité, au moins très-étendue, en profondeur.

La formation des gîtes est liée à l'origine des dolomies ; partout où ces roches affleurent, on trouve la calamine, la blende et quelques grains de galène, rarement des rognons. Ces minerais remplissent des cavités en formant des amas compactes très-étendus ; dans leur ascension de bas en haut, en suivant les plans de contact des dolomies et des calcaires, ils se sont épanchés dans les larges ouvertures de ces roches caverneuses.

Dans le groupe de Cumillas, l'amas de *Santa-Lucita* se développe sur 150 mètres de longueur et sur une largeur variable qui atteint 50 mètres ; il est encaissé par les dolomies au contact des calcaires. Dans le groupe d'Udias, plusieurs amas se trouvent dans des cavités et des ruptures calcaires, les principaux sont : la *Numa*, dont la section horizontale est de 60 mètres sur 40 mètres ; la *San-Bartholomeo*, de 150 mètres sur 5 à 20 mètres ; la *San-Roch*, de 100 mètres sur 8 mètres ; dans le même groupe, la montagne de dolomies intercalées dans les calcaires, qui s'élève au-dessus du village d'Udias, renferme une succession presque continue d'amas disposés en chapelet jusque sur le plateau de la Raza. Le groupe d'*Orena* et *Novalès* est moins important, les calamines y sont très-divisées et impures. Le groupe de *Celis* comprend dans la dolomie plusieurs amas étendus.

J'ai compté plus de 20 mines importantes ouvertes dans ces quatre groupes d'amas ; celle de la Santa-Lucita est descendue jusqu'à 40 mètres de profondeur, celle de la San-Bartholomeo à 50 mètres. La section des amas se modifie en profondeur, suivant les rapprochements et les écartements de la roche encaissante. S'il arrive que la base est fermée par la roche, il suffit de suivre des veines de calamine, des fractures remplies d'argiles, pour retrouver la continuité de l'amas. M. Javot, ingénieur chargé des travaux, a acquis l'expérience consommée de l'allure de ces gîtes irréguliers dont il connaît tous les caprices ; ses tranchées, représentant jadis des affleurements, ont une étendue totale de plus de 12 hectares, et en les approfondissant aujourd'hui il aménage le régime de la production pour plusieurs années à l'avance. Cette étendue des affleurements calaminaires révélait, dès le principe, l'importance de l'exploitation en profondeur. La calamine forme des masses compactes dans les principaux amas, elle est rougeâtre au contact des dolomies et blanche dans les encaissements calcaires. Sa teneur en zinc est de 30 à 40 pour cent ; préparée et grillée pour être exportée, les teneurs moyennes varient de 50 à 60 pour cent.

Il a suffi de quelques mois pour acquérir les groupes de mines en achetant les unes, en obtenant la concession des autres. En moins d'une année la société des mines et fonderies de la province de Santander s'est constituée et s'est mise en exploitation avec le concours d'un ingénieur, M. de Jaurias, qui avait fait ses preuves dans les usines et mines de zinc.

Dans ses huit premiers exercices, accomplis le 30 juin 1863, la compagnie a exporté à l'étranger 97,185 tonnes de calamine et de blende et galène en petite proportion ; les ventes ont produit 10,735,000 francs et le produit net a été de 3,020,000 francs. La compagnie a donc répandu dans le pays ses frais, montant à 7,715,000 francs. En retranchant de cette somme 69,938 francs, payés au gouvernement pour l'impôt superficiel des mines et diverses autres taxes, en tenant compte des transports sur navires étrangers, on comprendra que plus des trois quarts de cette somme s'est distribué aux environs de Cumilias ; ce petit port, jadis abandonné, est aujourd'hui plein de vie et d'animation, les routes et les cultures s'améliorent ; il est enfin d'un grand intérêt économique de constater dans cette province, comme dans toutes les régions métallifères de l'Espagne, que nulle industrie n'est plus propre à provoquer le bien-être des populations.

La calamine forme d'autres amas puissants à Mercadal et à Reocin, près de Torrelavega, dans les montagnes d'Europe. La compagnie royale Asturienne exploite à Avilès une fonderie de zinc, une couche de houille et plusieurs gîtes de calamine dans les provinces du Nord.

Mines de cuivre de la province d'Huelva.

La province d'Huelva possède les minerais de cuivre les plus abondants de la Péninsule. La zone, partant à 6 lieues au nord de Séville et se dirigeant de l'est à l'ouest jusqu'à la frontière du Portugal, présente tous les vestiges des anciens exploitants ; au contact des schistes argileux passant au talc et au micaschiste et des roches éruptives porphyriques, on trouve de puissants amas de pyrite de fer mélangée de cuivre pyriteux ; leurs affleurements sont recouverts d'oxyde de fer et de quartz. Le gîte de Rio-Tinto appartient au gouvernement, il est connu sur 500 mètres en direction N.-E. et sur 70 mètres d'épaisseur; sa profondeur connue est de 45 mètres. Plusieurs compagnies se partagent les autres amas, dont les huit plus importants sont connus aux affleurements sur 100 à 300 mètres de longueur, sur 20 à 60 mètres de largeur.

Le bisulfure de fer domine dans le remplissage, le cuivre pyriteux est en petite proportion et les teneurs en cuivre sont variables de 1 à 6 pour cent; quelques échantillons exceptionnels titrent 14 pour cent. MM. les ingénieurs du corps royal des mines, A. Anciola et E. de Cossio, estiment à 6,675,940 tonnes les minerais exploitables du gîte de Rio-Tinto, et dont les teneurs sont de 0,68 à 7,62 pour cent en cuivre ; on a admis une moyenne de 4 à 5 pour cent. Le gouvernement s'est réservé une étendue d'environ une lieue carrée; il possède une usine et il adjuge une partie de son exploitation à deux fabricants auxquels il paye la tonne de cuivre extrait de 1,040 francs à 1,170 francs suivant la teneur des minerais qu'il leur livre, et en tolérant une perte en cuivre proportionnée à 1,3 pour cent de cette teneur. Le rendement du minerai à 3 pour cent en moyenne ne produit pas plus de 1,7 pour cent de cuivre. Cette condition, si fâcheuse en apparence, produit cependant aux fabricants un bénéfice de 200 à 300 francs par tonne de cuivre, malgré le prix élevé du combustible.

Les minerais très-riches en soufre sont grillés en tas, réduits en poudre et lessivés. Le sulfate de cuivre produit se décompose et se réduit au moyen de barres en fonte de fer; le cuivre précipité et mêlé de fer est fondu, il en résulte un cuivre noir qui est soumis au raffinage.

Les gîtes de Tharsis, d'Alosno, de Valverde, de la Concepcion, de San-Miguel, etc., appartiennent à plusieurs grandes compagnies qui les exploitent. Les minerais pauvres sont convertis en cuivre de cément ou en cuivre noir, les plus riches sont transportés en Angleterre et vendus au prix proportionné à leur teneur en cuivre et en soufre.

Mines de cuivre diverses.

Les minerais de cuivre s'exploitent encore dans la vallée de Guadiana, aux environs de Motril, dans plusieurs mines de plomb et d'argent et principalement dans les mines de la Sierra-Névada à l'état de cuivre gris et de cuivre pyriteux.

Dans les provinces centrales on cite les minerais panachés de Badajoz, les mines de Platilla, en Aragon; les cuivres gris de Chova, à 16 kilomètres de Castillas de la Plana; les mines de Mensuela, à l'ouest de Saragosse; on y extrait des cuivres gris contenant 280 kilogrammes de cuivre et 4 kilogrammes d'argent par tonne.

En Navarre, le filon de Changoa a été poursuivi dans un puits de 80 mètres et sur 200 mètres en direction, les minerais de cuivre pyriteux contiennent 30 à 160 kilogrammes de cuivre et 500 grammes à 1 kilogramme d'argent par tonne; ils sont convertis en mattes dans une usine.

En Biscaye, le cuivre sulfuré d'Amezqueyta, de Valdeona; le

cuivre gris d'Hermio, les cuivres pyriteux de Sopuerta, d'Elorio et de Villaréal.

Dans les provinces de Santander et des Asturies les filons de cuivre pyriteux du Pico-Jano, appartenant à la compagnie des mines de zinc; plusieurs autres mines ont été récemment exploitées et produisent des cuivres pyriteux et carbonatés.

Mines d'or anciennes.

Dans les Asturies et la Galice, il existe un grand nombre d'ouvrages abandonnés, où les anciens dominateurs du pays exploitaient l'or associé au quartz, à la pyrite de fer, et rarement à la pyrite de cuivre au contact des roches porphyriques. Ces mines antiques ont été décrites par M. Paillette.

Pline rapporte que, de son temps, ces provinces du Nord, l'Andalousie et le Portugal, fournissaient encore 20,000 livres d'or par an, dont la plus grande partie s'exploitait en roches dans les galeries et les puits des Asturies, et une portion dans les rivières le Tage et le Duero. Les restes des travaux anciens démontrent, en effet, que l'or s'exploitait à l'état de veines minérales ; mais ces ouvrages n'ont pas été repris utilement dans les temps modernes, et il est probable que le prix de la main-d'œuvre est, de nos jours, le motif de cet abandon, car, comme disait Héraclite : « Ceux qui cherchent de l'or extraient beaucoup de roches et rencontrent peu de métal. »

Mines d'étain.

La Galice, province éloignée et presque négligée des mineurs, possède une zone de filons contenant de l'oxyde d'étain ; il est possible que leur exploitation ait un jour de l'intérêt, dès que les moyens de transport auront participé aux perfectionnements des provinces centrales.

Mines de mercure.

Les mines de mercure d'Almaden, appartenant au gouvernement, ont été constamment exploitées depuis les temps anciens. Le minerai, composé de cinabre et de mercure natif, est empâté dans une gangue quartzeuse. Ce minerai s'exploite dans trois couches de 8 à 10 mètres de puissance, et formées de quartz et de schiste de transition.

Le cinabre est connu à Pola de Lena ; il est disséminé dans des couches de grès houiller, dépendantes de la formation carbonifère des Asturies.

Mines de fer.

Les provinces du Nord et du Sud sont pourvues de minerais de fer. Le Sommo-Rostro est une montagne de fer située entre Bilbao et Portugalette, où y exploite le peroxyde de fer brun et rouge, le fer carbonaté. Ces minerais alimentent plusieurs hauts fourneaux à Bilbao, dans les Asturies, où ils sont traités concurremment avec les minerais du pays ; ils approvisionnent des forges à la catalane dans les provinces basques ; enfin, ils s'exportent en Angleterre et en France jusqu'en Bretagne. Ces minerais se traitent encore, près de Bilbao, dans une usine de réduction montée suivant la méthode de M. Chenot. Il est remarquable de voir cette méthode recevoir en Espagne la sanction de l'expérience, après toutes les vicissitudes auxquelles elle est restée soumise en France et en Belgique, et s'y perfectionner dans un pays dont les progrès industriels sont trop peu connus, et contre lequel agissent encore des préjugés injustes.

Les minerais de fer carbonaté s'exploitent dans plusieurs régions des Pyrénées espagnoles, et se traitent dans des fours à la catalane. Les minerais de fer oxydé sont très-abondants dans les Asturies ; ils se traitent dans les hauts fourneaux des usines royales de Trubia, de Mières et de la vallée de Sama.

Dans le Sud, on cite les amas de fer oxydulé de la sierra de Ronda, qui se fondent dans trois usines près de Marbella et de Malaga ; le gîte de Garrucha, dont les minerais s'exploitent pour l'exportation.

Mines de sulfate de soude.

Des mamelons formés des assises du gypse des terrains tertiaires encaissent plusieurs des principales vallées de la Péninsule. Ces vallées courent sensiblement de l'est à l'ouest, comme les sierras qui les séparent. L'art du mineur semblait se circonscrire dans les sites montagneux des terrains secondaires et plus anciens de l'échelle géologique où se développent des richesses métallifères si variées, quand, il y a peu d'années, la découverte des gîtes sodifères vint fixer l'attention des exploitants sur les ressources toutes nouvelles des terrains tertiaires.

Des couches puissantes de sel de soude affleurent dans les vallées de l'Ebre, près do Lodosa et de Cerezo, dans les vallées du Tage et du Jarama, aux environs d'Aranjuez, province de Madrid.

Des mines de sel commun ou chlorure de sodium étaient depuis longtemps exploitées aux environs d'Aranjuez, et le commerce demandait aux cultures des plantes sodifères les carbonates de soude, dont l'élément principal de fabrication, le sulfate de soude, existait dans la formation saline.

Ce sel forme des couches très-puissantes, alternant avec les assises horizontales, parfois inclinées à 10°, de gypse et de marne. J'ai mesuré dans les couches de Lodosa et dans celles de la vallée du Jarama des épaisseurs de 15 à 20 mètres ; des galeries ouvertes dans les couches n'y ont pas constaté d'appauvrissement ni de discontinuité.

Le sel de soude se rapporte exactement au minéral décrit sous le nom de glaubérite dans le traité de M. Dufrénoy ; ses cristaux très-abondants sont des prismes rhomboïdaux obliques, dont la composition se rapporte à l'analyse de l'échantillon de Villa Rubia, étudié par M. Brongniart, et composé de sulfate de soude, 51 pour cent, et de sulfate de chaux, 49 pour cent. Les couches des vallées de l'Èbre, de Lodosa et du Jarama, sont d'une grande pureté, des lits de marne et de gypse en altèrent seuls la teneur; la roche brute exploitée renferme de 20 à 35 pour cent de sulfate de soude anhydre, les roches de choix jusqu'à 45 pour cent. Aux affleurements, ou dès que la roche anhydre est découverte, elle s'hydrate à l'humidité et s'effleurit dans les temps secs.

L'extraction du sulfate de soude se fait dans plusieurs fabriques. La roche de glaubérite est mise en décomposition sous l'influence de l'air et de l'eau. A la température de 30°, l'eau se sature de sulfate de soude qui se dépose en cristaux hydratés sous le double effet du refroidissement et de l'évaporation à l'air. Les cristaux contiennent dix équivalents ou 56 pour cent d'eau qu'ils perdent à l'air sec ou dans des appareils de chauffage artificiel.

Les diverses fabrications, basées sur ces principes, produisent du sulfate de soude très-pur, que l'on convertit en carbonate de soude brut, au moyen des procédés ordinaires de Leblanc. Dans les meilleures conditions de fabrication et de pureté des matières premières, le carbonate brut marque de 40 à 45 degrés alcalimétriques.

Mines de houille de la province des Asturies.

Tant de ressources minérales, dont je ne reproduis qu'un aperçu rapide, ont besoin de combustibles à bon marché pour être complétement utilisées. En Espagne, les bois sont rares, les montagnes sont dénudées, mais il existe des bassins houillers considérables. L'exploitation de la houille est en activité dans plusieurs provinces; son développement est subordonné aux progrès incessants des voies de fer et des routes qui relient les centres de production à ceux de la consommation.

M. G. Schultz, inspecteur général des mines en Espagne, a fait la carte géologique des bassins houillers des Asturies. Il évalue leur surface à cent mille hectares, dont la moitié est reconnue exploitable. Ces chiffres méritent d'autant mieux la confiance, que le terrain carbonifère est à découvert, l'œil peut en suivre à ciel ouvert tous les contours et reconnaître les affleurements de houille qui sillonnent les flancs des montagnes. Cette étendue est au moins égale à celle de la bande houillère des départements du Nord et du Pas-de-Calais, et au quart de toutes celles connues en France.

Les galeries débouchent dans les vallées et sur les versants des montagnes, elles suivent les couches de houille dont l'épaisseur est de 0^m,80 à 1^m,20, et l'inclinaison générale 60 à 75 degrés. Il existe un grand nombre de couches moins épaisses, d'autres ont jusqu'à 4^m,80 dans le bassin de Quiros.

Les reliefs du terrain houiller s'élèvent jusqu'à 600 mètres. On peut comparer les vallées, profondément découpées, à ces puits que les exploitants de la plupart des terrains houillers de l'Europe foncent, au prix de si grands sacrifices, pour conquérir leurs champs d'abatage. Mais elles offrent encore l'avantage de révéler sur la surface du sol les ressources du terrain et la direction qu'il convient d'imprimer aux travaux souterrains.

Ces conditions sont si exceptionnelles, dans les Asturies et dans d'autres bassins de l'Espagne, que leur plus simple exposé est accueilli souvent à l'étranger avec incrédulité; j'ai vu le chef de l'une des sociétés les plus considérables de la Belgique les mettre en doute et ne croire qu'au mérite de ces couches du Nord, qui plongent de 10 à 30 degrés sous les vallées et sous la craie qui les recouvrent.

Cependant, les Asturies sont aujourd'hui connues, les couches en dressants valent les plateurs du Nord. Depuis plus de 30 ans, de petits concessionnaires du pays exploitent leurs couches, ils ont puisé hier, en vendant quelques charretées de charbon, les moyens de continuer ces innombrables travaux irréguliers, origine des grandes exploitations qui se développent depuis quelques années.

La houille n'est pas de nature à produire les bénéfices merveilleux de certaines mines argentifères. Les travaux faciles nécessitent cependant des capitaux importants ; des voies de fer et des routes, des galeries préparatoires, l'outillage, les habitations, un fonds de roulement exigent l'intervention des capitalistes. Le gain peut être limité dans l'exploitation de la houille, mais il est plus certain que dans les mines métalliques.

La plus grande partie des anciennes exploitations de houille est devenue, en 1861, la propriété de la société houillère et métallurgique des Asturies ; cette société a réuni les groupes de Siero et Langreo, de Tudela, de Santo-Firme, enfin ceux de Mierès et de Lena où s'exploitent des usines métallurgiques. Sur une surface de 4,000 hectares de terrain houiller, soixante couches de houille sont constatées ou en exploitation.

Les houillères de la Santa-Ana, situées dans la vallée de Sama, sont exploitées par une autre compagnie ; la régularité des couches est remarquable.

Le bassin houiller de Quiros, situé à 20 kilomètres au nord des usines royales de Trubia, est mis en exploitation par une société fondée en 1862.

Il y a quelques années, M. Heim, propriétaire dans les Asturies, a l'idée d'explorer la vallée de Quiros ; il s'établit dans le village de Barzana, il parcourt les deux versants des montagnes, il suit les affleurements des couches jusque sur les pentes du Monte-Runiero, et il s'assure la possession du bassin houiller. Les rapports de M. Heim, confirmés cependant par M. Mizy, ingénieur spécial, excitaient l'incrédulité. On ne pouvait croire qu'un riche bassin houiller eût pu échapper si longtemps aux investigations, à une distance si rapprochée d'Oviedo et des importantes usines de Trubia. C'est que les explorateurs s'arrêtaient aux gorges du Caranga ! Ceux qui avaient voulu les franchir en les contournant ne prévoyaient pas qu'on pût, à moins de dépenses énormes, ouvrir une route dans ces roches de calcaire compacte formant, sur 400 mètres de longueur, des élévations verticales de 100 mètres, en ne laissant au cours de la rivière qu'une coupure de 12 mètres de largeur.

Chargé en 1858 de vérifier la situation, je reconnus un nombre considérable d'affleurements, se rapportant à plus de quarante couches déterminées, dont plusieurs, reconnues dans vingt galeries, offraient déjà des puissances de $0^m,75$ à $1^m,80$. L'ouverture d'une chaussée dans les escarpements des roches de calcaire consistant ne me parut offrir aucune difficulté sérieuse. Sur 1,100 mètres de travaux souterrains ouverts aujourd'hui pour préparer les abatages, on cite, dans la mine Vallo, une couche poursuivie sur un développement de 600 mètres, sans avoir offert la moindre altération d'allure et de puissance.

Une route, construite par la compagnie avec le concours de la province et des cantons, traverse aujourd'hui les gorges de Caranga et ouvre aux houillères les débouchés du nord des Asturies.

L'entreprise de Quiros est due à l'initiative de la compagnie des mines de zinc de la province de Santander, de son directeur, M. Bernière, et de M. Heim, qui ont su exécuter et justifier en deux ans les projets conçus.

La houille des Asturies est de bonne qualité. Je dois à M. Aspiroz, capitaine d'artillerie chargé des travaux métallurgiques aux usines de Trubia, le résultat d'un grand nombre d'essais sur les houilles qui se consomment dans cette importante fabrique. A l'exception de plusieurs petits bassins situés au nord de la formation, elles sont éminemment propres à la fabrication du coke, au service des fours à réverbère, aux travaux de forge et à tous les usages domestiques et industriels. Elles produisent de 55 à 65 pour cent de coke; de 2 à 8 pour cent de cendres, et leur pouvoir calorifique est de 6 à 6,600 calories.

Le bassin de Quiros possède les principales variétés de charbon, depuis la houille maigre à longue flamme, dans le voisinage du calcaire carbonifère, au nord du bassin, jusqu'aux houilles grasses et demi-grasses des parties centrales.

Mines de houille des provinces de Palencia et de Léon.

La formation carbonifère des Asturies s'étend au sud, dans les provinces de Palencia et de Léon. La houille des versants méridionaux des monts Cantabres est destinée aux approvisionnements des régions de l'Espagne centrale ; les grandes compagnies qui achèvent le réseau des chemins de fer du Nord et exploitent les usines à gaz de Madrid, Valladolid, Burgos et Pampelune, ont pris possession des houillères de Baruelo, de Santullan et de Valderrueda.

Mines de houille de la province de Cordoue.

Les bassins houillers de la Sierra-Moréna sont estimés aux environs de Belmez et Espiel, leur exploitation est subordonnée à l'achèvement des chemins de fer du réseau méridional et des routes ; située au centre des zones métallifères de l'Andalousie, la production houillère imprimera une nouvelle activité aux industries de ces riches provinces du Sud et alimentera, concurremment avec les houilles du Nord, les plateaux de la Castille.

De la législation des mines en Espagne.

Cette description abrégée démontre suffisamment l'importance et la variété des ressources minérales répandues dans la péninsule espagnole. Ces ressources peuvent être exceptionnelles : il est possible qu'après avoir excité la convoitise des peuples de l'antiquité, elles aient, aujourd'hui comme jadis, le mérite particulier d'attirer l'attention des nationaux et des étrangers. Mais il est certain que le gouvernement espagnol a su mieux que tout autre solliciter l'exploitation des produits minéraux de la métropole en adoptant, depuis 1825, les mesures les plus encourageantes. Le jour où les galions cessèrent de décharger dans ses ports les métaux précieux des Amériques, le gouvernement comprit qu'il devait intéresser les efforts individuels de tous aux investigations et aux exploitations sur son territoire délaissé depuis trois siècles ; en perdant ses anciennes conquêtes il lui est resté, avec sa gloire, les bénéfices d'une expérience acquise. Le législateur de 1825 fit une application modifiée des ordonnances de mines rendues depuis 1771 dans ses vice-royautés, et parmi les habitants de la métropole, beaucoup, à l'exemple de ce moine de Hiendelaencina, avaient puisé au Mexique les connaissances pratiques du mineur.

Pendant les trente dernières années du dix-huitième siècle, les premières ordonnances royales, provoquées par les vice-rois de la Nouvelle-Espagne, constituèrent au Mexique un corps consultatif des mines et une école de métallurgie et de construction des machines ; ce corps, érigé en tribunal, rédigea les ordonnances qui reçurent la sanction du gouvernement, réglèrent l'exploitation des mines des possessions d'outre-mer, furent modifiées pour l'Espagne en 1825 et l'année suivante dans les États indépendants de l'Amérique.

Améliorées encore en 1849, les ordonnances actuellement en vigueur en Espagne se modifient conformément aux besoins nouveaux et les changements ont eu pour but l'abolition des droits restrictifs et les mesures empreintes du meilleur esprit d'équité et de libéralisme. Ces perfectionnements incessants du législateur ne sont pas à leur terme, et, aujourd'hui même, il est question d'étendre la superficie des concessions de mines reconnues insuffisantes.

En Espagne, tout Espagnol ou étranger peut travailler librement les mines ; les demandeurs reçoivent des titres de concession pour un temps illimité, sans aucune distinction de position ni de nationalité, ils peuvent disposer comme ils l'entendent des produits de leurs mines, ils sont considérés comme dépendant des communes où se trouvent leurs mines et ils jouissent en conséquence des avantages communaux des biens, pâtures, etc...

La concession d'une mine se nomme une *pertenencia* et chaque mine peut s'étendre sur deux *pertenencias*, à la volonté du demandeur.

Les dimensions d'une *pertenencia* sont invariablement fixées pour toutes les mines métalliques ; elle a la forme d'un solide à base rectangulaire de 300 *vares* de longueur et de 200 *vares* de largeur (la vare est de $0^m,84$) et d'une profondeur indéfinie en plans verticaux, sans comprendre la surface du sol. Un nouvel arrêté a étendu la surface des *pertenencias* de mines de combustibles minéraux, de fer, de sulfate de soude et de sel gemme, elles ont 500 mètres de longueur sur 300 mètres de largeur. Toute association peut réunir un nombre indéfini de *pertenencias* tant qu'elle les exploite conformément aux règlements.

La mine de chaque *pertenencia* doit occuper quatre ouvriers ; à moins de cas de force majeure sa propriété est perdue quand les travaux sont suspendus pendant quatre mois consécutifs, ou quand les interruptions réunies forment un total de huit mois dans le cours d'une année ; quand, par mauvaise direction, les ouvrages menacent ruine et ne se réparent pas conformément aux prescriptions que l'autorité aura fixées ; enfin quand, par excès de cupidité, toute extraction ultérieure de minerais est devenue difficile ou impossible.

Chaque concession de deux *pertenencias de mines métalliques* payera un droit de superficie de 600 réaux par an (156 francs). Ce droit n'est plus que de 200 réaux (52 francs) pour chaque *pertenencia* de mines de combustibles minéraux, de fer, de sulfate de soude et de sel gemme. Pour les mines qui ont pour but l'exploitation des scories anciennes ou des lavages de sables ou de terres, le droit superficiel est de 400 réaux (104 francs) pour une étendue de 40,000 mètres carrés. Les *pertenencias* anciennes ou incomplètes de chacune de ces trois catégories ne payent plus que le droit relatif et proportionnel à la superficie. Le droit proportionnel de 5 pour cent sur les bénéfices a été abrogé (1).

La condition la plus grave, et que la loi française laisse soumise à la volonté des administrations, celle concernant la préférence à accorder au demandeur d'une concession de mine, est résolue avec une remarquable lucidité.

Le législateur a compris le danger de ces appréciations volontaires sur les titres d'inventeur, de propriétaire de la surface, sur les qualités et sur la fortune du demandeur ; il a eu la sagesse d'éloigner ces argumentations devenues trop souvent, en France, des questions d'influence, et il en a fait une question de principe, de droit acquis.

La concession d'une ou de deux pertenences de mine appartient de droit à celui qui, le premier, en aura fait la demande sur un terrain libre, c'est-à-dire sur un terrain susceptible de recevoir la surface d'une pertenence entière sans envahir sur des concessions voisines.

Tout particulier, national ou étranger, qu'il soit pauvre ou riche, qu'il soit ouvrier, laboureur, ingénieur ou capitaliste, tout individu désireux de rechercher et d'exploiter un élément minéral, va *dénoncer* à la mairie de sa commune la mine qu'il veut élaborer. Il fait enregistrer devant lui la nature du produit minéral et la situation exacte de la mine qu'il veut ouvrir. Il dépose une somme de 300 réaux (78 francs) par chaque pertenence dénoncée ; cette formalité constitue un droit acquis que nulle influence ne peut lui soustraire tant qu'il se conforme aux règlements.

Il lui est prescrit d'ouvrir, dans le délai de trois mois, un *tra-*

1. Les concessionaires de mines jouissent des priviléges de la loi sur les expropriations pour cause d'utilité publique. Quant aux droits réservés aux propriétaires de la surface, ceux-ci ont la faculté de s'intéresser pour un huitième dans le passif et l'actif de la société, c'est-à-dire qu'ils peuvent participer au huitième des dépenses et des produits de l'exploitation faite sur leur terrain, sans préjudice des indemnités auxquelles ils ont droit pour les terrains occupés ou dévastés.

vail légal sur sa pertenence. C'est un ouvrage souterrain en puits ou galerie invariablement fixé à 10 vares (8ᵐ,40) d'allongement. Au terme du délai l'ingénieur des mines vient reconnaître la mine, et s'il y trouve l'espèce de minerai dénoncée par le demandeur, que ce minerai soit riche ou pauvre, qu'il appartienne à un gîte défini ou à un gîte douteux, l'ingénieur du gouvernement procède à la *démarcation* dès qu'il peut extraire du *travail légal* un échantillon pris sur la roche en place.

Le demandeur oriente, comme il l'entend, le rectangle de 300 vares sur 200 vares formant une pertenence de mine métallique en prenant pour point fixe sa *bouche-mine*, et si la publicité produite par les affiches ne soulève pas d'opposition légitime, il reçoit son titre définitif de concession. Il était tenu de payer à l'État 50 francs pour reconnaître les frais *de la démarcation*, aujourd'hui le dépôt de 78 francs, fait en dénonçant la mine, est destiné à indemniser les ingénieurs des mines.

La démarcation faite, l'administration en reçoit avis et prépare le titre définitif de propriété. Le concessionnaire doit payer encore 60 reaux (15 fr. 60) pour papier timbré par mine démarquée; la démarcation étant faite avec l'assistance du notaire qui rédige l'acte, celui-ci reçoit une somme proportionnelle à ses frais de déplacement, environ 100 à 200 réaux par mine (26 à 52 francs); le concessionnaire doit payer 220 réaux (57 fr. 20) le jour où il reçoit son titre, pour droits d'enregistrement et autres; enfin, comme sa mise en possession est faite par le maire de la commune, qui se rend sur la mine accompagné d'un notaire qui en dresse l'acte, il paye au maire 50 réaux (13 francs) et au notaire 100 à 150 réaux (26 à 39 francs). En somme, tous les frais s'élèvent à 235 francs environ pour la mise en possession d'une mine.

Si l'on veut faire des recherches et s'assurer la propriété de la valeur reconnue, il n'est pas nécessaire de dénoncer la mine et de payer les frais de la démarcation alors qu'on veut faire des travaux incertains; on obtient un permis d'investigation qui ne se paye plus que 200 réaux (52 francs) par an. Si l'autorisation a été demandée pour ouvrir une galerie générale, les droits sont de 200 à 300 réaux (de 52 à 78 francs) par chaque pertenence qui doit être comprise dans le décret de concession suivant la nature du minéral. Toutefois, ce permis constitue un droit acquis à la concession.

J'ai eu l'occasion d'assister à la démarcation de plusieurs groupes de pertenences, et chaque fois j'ai été frappé de la simplicité du procédé, de la bienveillance qui préside aux opérations légales, et surtout de cette satisfaction rapide donnée à la volonté individuelle.

Des effets de la législation des mines en Espagne.

La législation des mines a nécessairement contribué à l'essor du plus fécond élément de la fortune publique. Le jour où le système d'une prohibition absolue fit place aux ordonnances libérales, fut le point de départ d'une ère inconnue de prospérité chez les habitants de ces sierras arides où gisent les richesses minérales. Les intérêts de tous furent excités : le prestige de la fortune engendra sous la chaumière comme dans les villes des espérances qui se réalisèrent parfois ; il y eut des aventures heureuses et malheureuses chez les investigateurs de mines, mais il n'en résulta pas moins une amélioration inappréciable du bien-être et un développement rapide de la fortune de l'Espagne.

Le succès inespéré des mines de Santa-Cecilia, Suerte, Carmen ; les investigations de la Sierra-Névada, par M. A. Maestre ; les cuivres à Huelva, les zincs à Santander, les houilles dans les Asturies, et un nombre infini de mines en exploitation, de petites sociétés, de grandes compagnies, sont autant de conséquences heureuses de l'activité imprimée par le législateur à la richesse et à l'exploitation des mines.

L'engouement excité par une législation qui développa les investigations dans toutes les provinces de la Péninsule eut pour premier résultat de révéler les richesses minérales du territoire ;

la renommée de celles-ci se répandit au delà des Pyrénées, et bientôt les capitaux français, encouragés par les règlements du gouvernement et par l'accueil des autorités, contribuèrent activement à leur exploitation.

Depuis dix ans, les capitaux français ont presque entièrement concouru à la fondation des associations suivantes :

Compagnie des mines et fonderies de la province de Santander.	Mines de calamine. Fonderie de zinc.
Compagnie royale Asturienne.	Mines de calamine. Fonderie de zinc à Avilès.
Compagnie des mines de la Providence.	Minerais de zinc, Asturies.
Compagnie des mines de l'Andalousie.	Minerai de zinc.
Société générale des mines fondée par la Société générale de crédit en Espagne.	Mines de cuivre d'Alosno, Huelva. Mines d'argent et de cuivre de la Sierra-Névada. Mines scoriales et fonderies de plomb à la Caroline, à Néilla, à Posadas. Houillères de Santullan.
Société générale du crédit mobilier espagnol.	Bassins houillers de Baruelo et de Valderrueda.
Société houillère et métallurgique des Asturies.	Plusieurs groupes de houillères et hauts fourneaux.
Compagnie du bassin houiller de Quiros.	Bassins houillers de Quiros et de Téberga.
Compagnie de Santa-Ana.	Houillères dans la vallée de Sama.
Compagnie des mines de cuivre de Huelva.	Groupe de mines de cuivre de Tharsis.
Compagnie générale des mines de cuivre d'Espagne la Huelvana.	Mines de cuivre de Huelva.
Compagnie générale des mines d'argent la Péninsulaire.	Mines à Hiendelaencina dans la Sierra-Névada dans la province de Murcie.
Compagnie des mines et fonderies de plomb et de cuivre de la Cruz.	Andalousie.
Compagnie des mines de soude d'Aranjuez.	Mines de sulfate de soude à Saint-Martin, vallée du Jarama.
Compagnie générale des mines de soude d'Espagne.	Mines de sulfate de soude de Lodosa, vallée de l'Èbre.
Compagnie des mines de fer de la Fraternidad.	Minerais de fer, province d'Almeria.

Le capital engagé en Espagne par ces diverses sociétés est de 68 millions de francs; il a été formé par des capitaux français, pour les trois quarts au moins de son importance. En tenant compte des intérêts français qui participent dans un grand nombre d'autres sociétés, de ceux qui ont contribué particulièrement aux exploitations de mines de plomb de l'Andalousie, on peut admettre que depuis dix ans l'industrie française n'a pas porté moins de 50 millions de francs en Espagne.

Ce chiffre démontre assez que notre caractère national n'est pas contraire aux qualités nécessaires au mineur, et que nos capitaux sont prêts à concourir aux industries minérales lorsqu'ils sont garantis par des lois libérales. Les fondateurs de ces sociétés étrangères ont certes trouvé des difficultés graves au delà des Pyrénées; quand il faut subir de nouveaux usages et les modifier, s'immiscer aux moyens d'exploitation d'une nation plus expérimentée que nous dans l'art des mines, et perfectionner certaines méthodes, la mise en œuvre n'y est pas moins laborieuse que dans les provinces françaises de l'Algérie; mais les règlements restrictifs sont là, et c'est à eux seuls qu'il faut attribuer ce détournement de notre activité industrielle.

Le gouvernement espagnol a compris qu'il manquait à l'exploitation de ses ressources minérales les grands principes de l'association des capitaux. Les souscripteurs ne manquaient pas dès qu'il s'agissait de fonder ces petites sociétés promettant cent capitaux pour un versé, et demandant à l'actionnaire des dividendes passifs de mois en mois, afin de pourvoir aux premiers frais de la mise en exploitation; ce système a fait la richesse de plusieurs sociétés dans des mines de plomb et d'argent; mais dès qu'il devint nécessaire de prolonger des travaux en profondeur, d'établir de puissantes machines d'épuisement, ou de réunir des fonds de roulement considérables, dès qu'il fallut dépenser beaucoup avant de recueillir des profits, les actionnaires indigènes se refroidirent. Le gouvernement s'aperçut qu'il devait favoriser l'intervention des capitalistes et des ingénieurs français dans l'industrie des mines comme dans l'exécution des lignes de chemins de fer.

La France doit à l'Angleterre son initiation aux principes de l'association du capital, source de nos progrès industriels ; c'est après les avoir perfectionnés pendant 25 ans, dans la métropole, que la France vient à son tour en répandre les bienfaits dans tous les pays où elle trouve, comme en Espagne, la protection de la loi, les sympathies des administrations et celle des habitants.

Il y a dix ans, les idées de mines et de richesses fermentaient en Espagne avec toute l'exaltation fiévreuse du caractère national ; on a vu le cultivateur exploiter sa mine comme il exploite son champ, porter au marché ses minerais, sa houille avec les produits de sa terre ; on a vu le travailleur s'associer aux notabilités du village pour exploiter une mine ; quand la renommée parvenait à la ville, on a vu les familles de toutes les classes convertir leur fortune en dividendes passifs (1), et bien des existences ont été soumises aux phases variables des petites exploitations.

Assurément, des abus se sont produits, la crédulité publique a été exploitée, des mines incertaines, des recherches éventuelles ont été le mobile d'un agiotage effréné, des excès dus à la forme des sociétés, à la tolérance des tribunaux ou aux imperfections des principes de l'association ont exercé une influence fâcheuse sur le développement de l'industrie des mines, mais c'est à tort qu'on en accuserait les ordonnances relatives à la propriété minérale.

Les investigations de tous avaient révélé les principales richesses minérales de l'Espagne, la propriété des mines était déjà garantie par les ordonnances ; enfin, la solution donnée aux questions relatives aux concessions excluait déjà tous les effets des influences personnelles près des administrations, quand, il y a dix ans, les

1. Les assemblées d'actionnaires de la plupart des sociétés espagnoles, formées sans capital limité, décident les appels de fonds auxquels sont soumis les titres d'action au fur et à mesure des besoins. Ces appels de fonds se nomment dividendes passifs.

grandes sociétés d'exploitation de mines se fondèrent; elles purent réunir chacune un grand nombre de pertenences, soit en traitant avec les propriétaires de mines, soit encore en dénonçant des mines nouvelles, et en obtenant des titres de concession avec une facilité inconnue en France.

On croit trop généralement, en France, que l'Espagne ne participe pas aux progrès industriels de l'Europe, que nous n'avons rien à y apprendre, et que la mission d'y propager nos lumières nous est échue. Nous avons raison d'être fiers de notre nationalité, mais nous avons parfois la faiblesse de faire dominer ce sentiment dans nos rapports d'intérêt industriel en Espagne; nous accueillons avec réserve tout ce qui n'émane pas de nos lois, de nos institutions, comme tout ce qui contrarie nos mœurs. Eh bien! si l'excès d'un mal manifeste devait provoquer prochainement une réforme législative en faveur de l'Algérie, qu'il me soit permis de soumettre aux législateurs et aux ingénieurs des mines l'avis d'étudier la situation de l'industrie minérale en Espagne; ils y jugeront l'influence qu'y exerce sur la richesse nationale l'application de procédés administratifs et techniques, tous empreints d'un esprit pratique remarquable. Ces procédés sont dignes du plus haut intérêt; inaugurés depuis le siècle dernier dans les colonies du nouveau monde, ils sont soumis depuis à tous les progrès des arts industriels, et les perfectionnements n'en ont pas compliqué les rouages.

Motifs de l'abandon des mines de l'Algérie.

Ce résumé de la situation de l'industrie minérale de l'Espagne me permet de faire un retour au sujet des mines de l'Algérie, en appuyant mes arguments sur les résultats d'une expérience acquise.

Il y a près de trente-cinq ans, l'Espagne n'était pas beaucoup plus avancée, sous le rapport des mines, que l'est aujourd'hui nôtre possession d'Afrique. L'histoire signalait, il est vrai, les richesses minérales de la péninsule espagnole ; les vestiges des travaux antiques recouverts par la végétation accusaient à l'observateur attentif les zones minérales des provinces du Sud ; mais, tant que ces indices n'intéressaient que la science, tant que les intérêts individuels n'ont pas été dirigés vers les investigations, les ressources du sous-sol ne se révélaient pas ; près des portes mêmes de Madrid, la tradition de la roche blanche d'Hiendelaencina est restée, jusqu'en 1844, comme l'exclamation d'un insensé.

N'en est-il pas de même, aujourd'hui, de l'Algérie ? Voit-on souvent un fonctionnaire public, un officier se détourner de son but pour ramasser une roche, la soumettre à l'essai ? N'est-ce pas une exception rare de rencontrer un colon, un habitant du pays, recherchant des mines sur le versant de l'Atlas ? Le laboureur sous sa charrue, le bûcheron dans ses travaux, n'a nul intérêt à signaler telle pierre qui lui paraît étrange. Les traditions des habitants de l'Ouarensenis ont-elles été étudiées ? Les anciens ont-ils désigné sous le nom d'Oued-Fodda une rivière qui ne roulerait que quelques cailloux de galène argentifère ? Les ingénieurs peuvent faire des recherches les plus fructueuses, mais les courses sont pénibles, les excursions lointaines difficiles, et tant que les efforts de tous ne seront pas dirigés par l'intérêt vers les explorations, les ressources minérales de l'Algérie resteront longtemps inconnues.

A quoi bon rechercher des mines ? Les difficultés surgissent de tous les côtés, dès qu'il s'agit d'utiliser une découverte. L'habitant du pays conduit sur un affleurement minéral pourra-t-il en tirer parti en formant avec ses voisins une petite association ? S'il ne recule pas devant les frais, la perte de temps d'une exploration légale, il devra d'abord produire le plan exact de la région qu'il veut explorer, et si, pendant qu'il emploie un géomètre à tracer son plan, un autre plus actif ne vient pas le devancer, il obtient un titre de permis d'exploration ; il entreprend des travaux de reconnaissance, aidé par les conseils d'un ingénieur. Les ouvrages

les plus rationnels peuvent l'entraîner à des dépenses relativement considérables ; sa fortune et celle de ses associés peuvent
être absorbées avant que l'administration ait jugé le gîte suffisamment reconnu pour mériter d'être institué en concession ; il
ne peut emprunter, son crédit ne lui permet pas d'étendre le
cercle de son association, car son permis d'exploration ne lui
donne pas un droit absolu à la concession espérée ; le malheureux
investigateur aura englouti tout son avoir sans espoir de retour, à
moins de ces circonstances rares où la richesse d'un gîte se décèle
dès les premiers travaux superficiels. Dans le premier cas, la
rigueur de l'administration aura condamné à l'abandon un gîte
peut-être intéressant ; nul ne viendra plus s'exposer aux disgrâces
du premier occupant ; dans le second cas, l'heureux propriétaire
du permis d'exploitation devra solliciter la faveur d'être reconnu
concessionnaire de la mine dont il a doté le pays. Si les fonds lui
manquent, s'il n'a pas de crédit, il échouera infailliblement ; le
gouvernement ne lui accordera pas la concession si, préalable-
ment, il ne justifie pas la possession de capitaux suffisants pour
exploiter sa mine, et, matériellement, il ne pourra pas suffire aux
dépenses de frais de voyage incessants à Alger et à Paris, pour
suivre l'instruction de sa demande ; il n'aura pas d'autre moyen,
s'il veut utiliser sa découverte et recueillir le fruit de ses dépenses
premières, que d'aller à Marseille ou à Paris rechercher de nouveaux associés riches et influents ; il y réussira difficilement, tant
que les affaires de mines resteront frappées de discrédit.

Dans les conditions des règlements administratifs, l'industrie
des mines est certainement la plus difficile de toutes, surtout dans
une colonie. Les grandes associations de capitaux peuvent en af-
fronter les périls, mais avec un ménagement que je ne saurais trop
recommander de suivre. Quant à l'habitant du pays, mieux posé
pour explorer ses propres montagnes, il doit, dans l'état actuel,
fuir cette industrie comme une source presque certaine de ruine ;
c'est ce qu'il sait très-bien, c'est aussi ce motif qui paralyse en
Algérie les exploitations de mines.

Il suffit de parcourir l'histoire des découvertes minérales en Espagne pour constater qu'elles résultent pour la plupart de l'initiative d'un habitant. Les capitaux étrangers y sont attirés par le prestige des découvertes déjà faites et par la sécurité qu'offrent, dès le principe, des titres de propriété ou des droits acquis ; mais dès qu'il s'agit de réunir des fonds pour aller, au delà de la Méditerranée, à la recherche de l'inconnu, non-seulement les investigations faites en pays lointains deviennent très-coûteuses, quand il faut leur donner le développement qu'exige l'administration, mais l'homme d'affaire ne trouve aucune garantie rassurante dans le titre même du permis d'exploration.

Une société, formée en France pour explorer une zone minérale, dépensera infailliblement deux ou trois fois plus pour ses travaux de reconnaissance que toute association de personnes du pays. Les frais généraux absorberont plus de dépenses que les travaux proprement dits ; la fatigue, des ennuis de toute nature, ont trop souvent découragé les investigateurs. Des titres de concession, longtemps attendus, n'ont même plus le mérite d'exciter leur persévérance.

Dans la province d'Alger six mines sont concédées, et environ douze périmètres, objets de diverses recherches, de divers permis d'exploration, témoignent tout à la fois les difficultés qui ont arrêté les travaux des permissionnaires et la réserve avec laquelle l'administration institue des concessions.

Cette sévérité dans la reconnaissance d'une mine concessible a-t-elle de l'utilité ? Veut-on donner à l'industrie la garantie que toute mine concédée est utilisable ? Le fait même de la concession est-il si considérable qu'il puisse réveiller la confiance des capitalistes découragés ? L'abandon de la plupart des mines concédées, de quatre sur six, l'indifférence des simples permissionnaires est une réponse édifiante ; mais l'administration semble déduire de ce fait une conséquence contraire à sa signification : ces mines délaissées sont pour elle le témoignage de sa libéralité ; plus de soin dans le choix des concessionnaires, plus de sévérité dans son exa-

men des travaux de reconnaissance eurent amené une plus utile
exploitation des mines concédées.

Il est permis d'en douter, et j'avoue que je ne vois pas de différence à faire entre les mines concédées et délaissées, les mines
érigées en simples périmètres d'exploration, toutes également
abandonnées dans l'état actuel des choses; je ne vois pas non plus
le mal que pourrait produire l'institution de douze concessions de
plus, d'un aussi grand nombre que possible.

Mais cette mesure serait assurément le point de départ de la
reprise des mines en Algérie : un jour viendra où la faveur des
exploitations de mines s'accréditera en Algérie comme elle s'exerce
en Espagne; il suffit de quelques travaux heureux pour attirer,
dans notre colonie, ces capitaux qui vont agir si puissamment sur
les progrès de l'industrie des mines, au delà des Pyrénées; mais
ce jour-là il faudra donner un aliment à ces capitaux volontaires,
capricieux et j'ajouterai même impatients, en les personnifiant. Cet
aliment se trouvera dans les concessions instituées, dans des mines
ne nécessitant plus que la mise en œuvre et dégagées de toutes
les vicissitudes de ces sollicitations incessantes auxquelles les premiers occupants auront été soumis.

Causes qui ont entravé le succès de l'exploitation des Mouzaïas.

De toutes les concessions de mines, celle des Mouzaïas, la première instituée en Algérie, a exercé sur l'industrie des mines la
plus éclatante influence; la richesse, constatée dès le principe par
les travaux, avait produit cet engouement, qui eut pour conséquence la plupart des travaux entrepris ensuite dans les autres
zones de la province; mais des événements agirent trop préma-
turément sur cette affaire, et l'exemple gagnant la province entière
contribue encore aujourd'hui à l'abandon de l'industrie minérale.

L'opinion générale s'est égarée sur les motifs qui ont entravé
le succès de la société des mines des Mouzaïas; l'on a vu là une
preuve de l'insuffisance de notre industrie privée; sans doute, on

4

a pu reprocher des fautes aux administrateurs de la société, ils ont fait des dépenses exagérées en travaux superficiels et ils ont abandonné trop tôt des travaux d'avenir qui préparaient, dès l'origine, de grands champs d'exploitation ; ils se sont crus assez riches pour négliger les travaux d'art souterrains au moment où s'élevaient leurs constructions luxueuses ; mais ces fautes se sont reproduites dans tous les pays de mines, et, ce qu'on ignore généralement, c'est que les premières difficultés d'une mise en œuvre laborieuse, dans une région reculée qu'il a fallu conquérir et peupler, eussent été heureusement surmontées sans le régime restrictif de nos administrations publiques.

Nécessité de disposer librement des minerais.

Le mineur peut, en Espagne, disposer librement du produit de ses mines ; en Algérie, il ne l'a pas toujours pu ! Il est vrai que, dans ces dernières années, l'évidence des faits a autorisé l'exportation provisoire des minerais à l'étranger, mais en 1844, lorsque la concession des mines des Mouzaïas fut instituée, les administrations voulurent contraindre les exploitants à créer des usines métallurgiques ; en 1845, la société des mines des Mouzaïas demanda au ministère de la Guerre un permis d'exportation temporaire de ses minerais à l'étranger. J'ai sous les yeux les motifs de la demande et ceux du refus : la sollicitation était fondée sur la nécessité où se trouvait la société de réaliser des capitaux dans un bref délai, le refus était basé sur l'intérêt qu'avait le gouvernement de provoquer la construction d'une usine de traitement des minerais de cuivre en France ou en Algérie. Au moment où la société employait ses millions à la construction des routes, à l'édification d'un village et à ses travaux de mines, elle se vit dans la nécessité d'en appliquer d'autres à la construction d'une usine à cuivre. C'était une cause de ruine qui me parut évidente ; la tentative de traitement des minerais de cuivre gris, faite à Caronte près de Marseille, devait échouer par deux motifs. De toute la métallurgie, celle du cuivre exige le plus de combustible, et tant que la houille coûtera quatre à cinq fois plus cher, sur le littoral de la Méditerranée qu'à Swansea ou à Liverpool, les usines à cuivre des environs de Marseille ne sauront rivaliser avec les usines anglaises; mais il y a plus, le traitement des minerais antimoniés et arséniés ne peut se faire, dans l'état actuel de nos applications, qu'avec le concours de minerais de nature différente. En Angleterre, on peut, sans trop altérer la qualité du cuivre, le mélanger avec des cuivres pyriteux. Dans l'usine de Musen, près de Siegen en Westphalie, les cuivres gris sont traités dans la proportion d'un quart avec des cuivres pyriteux et de la galène. L'usine de Caronte ne pouvait donc traiter utilement les minerais des Mouzaïas qu'à la condition de s'approvisionner de minerais étrangers; cette circonstance et celle du prix du combustible n'ont arrêté ni les décisions de l'administration, ni la société même trop engagée dans son exploitation pour en suspendre la poursuite.

Des expériences avaient fait concevoir l'espérance de traiter les cuivres gris en appliquant des méthodes nouvelles dites par la voie humide. Ces méthodes sont appliquées à Huelva, les minerais contenant 40 0/0 de soufre et 4 0/0 de cuivre se transforment en sulfate de cuivre au moyen du grillage en tas, et le cuivre est réduit par des barres de fonte de fer; mais je n'ai jamais compris qu'il fût possible de suivre cet exemple avec des minerais relativement pauvres en soufre, et chargés d'antimoine et d'arsenic, l'expérience n'a malheureusement que trop fait justice de ces essais au prix de dépenses énormes.

Cette citation devrait réhabiliter, aux yeux de l'opinion publique, une entreprise dont les éléments étaient réellement sérieux ; chargé des travaux pendant les deux premières années de mise en œuvre, je suivais en galerie des veines de cuivre gris compacte de 0^m,50 d'épaisseur. Si les richesses extraites dans le principe et perdues pour la plupart dans l'usine de Caronte eussent pu être vendues en Angleterre, la société eût réalisé de beaux bénéfices. Le prestige du succès acquis eût eu pour effet de provoquer en Algérie, depuis vingt ans, l'un de ces élans industriels qui, pendant la même période, ont fécondé la richesse de plusieurs provinces de la péninsule espagnole.

Réformes proposées dans la législation des mines de l'Algérie.

Les principes de la loi d'avril 1810 sur les mines sont équitables, mais ils sont généraux, et les règlements qui eu règlent les applications ne répondent pas au premier besoin des industries transportées en Algérie, celui de donner une satisfaction immédiate à la volonté de l'émigrant.

Le procédé des dénonciations et des démarcations des pertenences de mines, appliqué avec tant de faveur en Espagne, vulgariserait l'industrie minérale en Algérie. Non-seulement les dispositions réglementaires sont d'une application simple, à la portée du fonctionnaire de chaque centre de population ; mais les litiges ne sont plus possibles sur les motifs de préférence à accorder aux divers demandeurs de concession. La mine appartient au particulier qui, le premier, la fait enregistrer à la mairie, en la dénonçant ; aucun rival ne peut lui soustraire le résultat de ses recherches, de son idée préconçue ; le règlement n'exige pas de plan, de délimitation, de formalités de nature à compromettre son secret ; il lui suffit d'indiquer un point fixe. Trois mois lui sont accordés pour ouvrir une mine de 8^m,40 horizontale, verticale ou inclinée dans le gîte, et pour orienter comme il l'entend le rectangle de sa pertenence, de manière à y comprendre les prolongements manifestes ou probables du gîte. Si une pertenence ne lui suffit pas, il peut en dénoncer plusieurs, et il peut étendre, suivant son bon vouloir, la surface de ses concessions provisoires. Au bout de trois mois, il peut obtenir un délai ; cependant, les travaux de reconnaissance sont faciles, les règlements n'invitent pas l'ingénieur de l'État à se prononcer sur les conditions de l'exploitation ; il doit seulement constater si le minerai dénoncé existe, et dans ce cas il démarque la mine.

La démarcation est faite par l'ingénieur de l'État, en présence de l'intéressé et d'un notaire, qui en dresse l'acte ; dès ce moment, la concession appartient au demandeur, à moins de contestations envers des tiers ; dans ce cas, le litige est résolu par les tribunaux. Le gouvernement fait dresser le titre de concession, et charge le maire de mettre l'intéressé en possession de sa mine, avec le concours du notaire qui rédige l'acte justifiant cette dernière formalité.

Étendue des concessions.

Si ces principes étaient admis, il se trouverait, sans doute, des modifications utiles à apporter pour leur application en Algérie. Depuis 1825, le gouvernement espagnol a fait subir à la loi des changements, tous conçus dans un esprit libéral, conformément aux besoins révélés par les progrès de l'industrie minérale. La surface d'une pertenence formée primitivement d'un rectangle de 168 mètres sur 84 mètres a pu entretenir la prospérité de plusieurs riches exploitations de minerais d'argent ; mais, au bout de peu d'années, les travaux se sont trouvés sur la limite des concessions, en vertu de l'inclinaison des filons ; le gouvernement a reconnu la nécessité d'augmenter la surface des pertenences qu'il a portée, en 1849, à 252 mètres sur 168 mètres ; enfin, il a voulu que la surface d'une concession fût en quelque sorte proportionnée en raison inverse de la valeur des produits des gîtes minéraux, et il a donné une surface de 500 mètres sur 300 mètres aux pertenences de mines de houille, de fer, de sels, de tourbe.

Cette augmentation de la surface des pertenences a diminué notablement les frais de redevance et ceux des travaux préparatoires ; la taxe des mines est restée la même, soit 156 francs par concession de mines métallifères, mais elle a été réduite à 52 francs pour les concessions plus étendues relatives aux minerais de fer et autres produits de valeur moindre, tels que la houille, etc.

Cette mesure a produit les meilleurs effets ; elle est en même temps équitable : il faut effectivement développer de plus grands travaux dans les houillères que dans les mines d'argent, de plomb, de cuivre, etc., disposer, par conséquent, d'une surface plus étendue, il faut aussi que la taxe soit moins élevée pour la tonne de houille extraite que pour la tonne de ces métaux plus précieux.

Mais de nouvelles nécessités se font sentir en Espagne, le nombre des grandes sociétés s'accroît, chacune possède de nombreuses concessions, les zones minérales qui dépassent les limites de la double pertenence sont bientôt entièrement dénoncées ; il résulte de cette situation que plusieurs sociétés possèdent souvent dans la même zone des mines voisines ; cette circonstance met parfois obstacle au développement de grands travaux d'aménagement, et ses conséquences deviennent fâcheuses dans la poursuite des gîtes en profondeur comme en direction. Aujourd'hui même le législateur s'occupe d'un projet relatif au nouveau développement qu'il convient de donner aux pertenences de mines.

Si le gouvernement français voulait adopter les principes de la loi espagnole, il devrait, en suivant cet exemple des enseignements pratiques, donner aux concessions de mines une plus grande étendue. Les filons s'inclinent généralement de 45° à 80° ; les limites correspondantes au pendage ne devraient pas être à moins de 500 mètres de l'affleurement, afin de les poursuivre jusqu'à 1,000 mètres de profondeur. En tenant compte des rejets et des changements de pente, une concession ne devrait pas avoir moins de 1,000 mètres de largeur sur 2,000 mètres de longueur pour les gîtes de toutes les espèces. La loi espagnole s'appliquerait très-utilement aux mines de l'Algérie, avec cette seule modification dans l'étendue des pertenences.

Redevances.

La redevance annuelle que payent les concessionnaires à l'État ne doit pas être considérée comme un impôt proprement dit ; ce doit être la garantie de l'exploitation des mines concédées. L'exploitation des mines est une source de richesses pour les popu-

lations ; un gouvernement y trouve son profit dans l'augmentation que subissent ses impôts directs et indirects ; son intérêt est
donc de solliciter le développement des mines, et de ne soumettre
les exploitants qu'aux taxes qui intéressent ceux-ci à poursuivre
des travaux rémunérateurs, ou à renoncer volontairement aux
concessions désavantageuses.

C'est ce que le gouvernement espagnol a compris en abrogeant
la redevance proportionnelle sur les mines ; il a voulu résister aux
abus qui résultèrent de la facilité donnée aux particuliers en obli-
geant celui qui dénonce une mine au dépôt de 78 francs, somme
relativement faible, mais dont il a reconnu la suffisance pour
s'opposer à ce nombre infini de dénonciations qui menaçaient de
couvrir, sans indices sérieux, des districts entiers. Voulant que le
particulier ne fit démarquer sa mine qu'après y avoir trouvé un
intérêt sérieux, il lui a imposé des frais divers, qui s'élèvent à
235 francs environ, indépendamment du travail légal ; enfin, en
vue de contraindre le concessionnaire à utiliser sa mine ou à en
faire l'abandon, le législateur le soumet à un impôt superficiel de
52 francs, ou de 156 francs par concession, suivant la nature des
gîtes ; il l'oblige encore à entretenir un certain nombre d'ouvriers
dans chaque concession, sous peine de déchéance. Dès lors, le
particulier est intéressé à exploiter toute mine utile, ou à faire
l'abandon de toute autre mine qui ne vaudrait pas les frais de sa
conservation. En réalité, cette mesure restrictive ne s'oppose pas
à la conservation des mines avantageuses, pendant les chômages
momentanés auxquels sont soumises toutes les exploitations industrielles. Les administrations apprécient avec justice les difficultés qui causent souvent la suspension des travaux, et, à moins
d'un abandon absolu et prolongé, la déchéance d'un titre de concession est rarement prononcée.

L'impôt superficiel que la loi française fixe à 10 francs par kilomètre carré est modéré ; je ne me suis pas proposé d'étudier la loi
relativement au territoire de la métropole et je n'apprécie pas l'utilité de suivre généralement l'exemple de la loi espagnole appliquée

aux bassins houillers ; mais les conditions sont bien différentes en
Algérie, elles se rapprochent beaucoup plus de la péninsule espagnole que du territoire de nos départements ; si l'on appliquait à
notre colonie le système des pertenences, que l'État y concédât les
mines avec la même libéralité, la garantie de l'exploitation des
surfaces concédées s'assurerait tout aussi bien au moyen d'une
augmentation de la redevance superficielle, à la condition d'a-
broger la redevance proportionnelle aux produits.

La loi d'avril 1810 dit que la redevance proportionnelle sera
réglée chaque année, comme les autres contributions publiques,
et qu'elle ne pourra jamais s'élever au-dessus de 5 pour cent du
produit net. Cet impôt soulève en France les réclamations les
mieux fondées : les règlements interprètent la loi dans le sens le
plus favorable aux intérêts fiscaux, le maximum de l'impôt légal
est appliqué aux exploitants, l'appréciation des produits nets est
soumise aux volontés arbitraires des administrations ; il en résulte
des estimations variables d'une année à l'autre ou d'un district à
un autre, suivant l'esprit d'équité qui y préside. Trop souvent les
termes de la loi d'avril 1810 ont été méconnus et l'arbitraire est
venu peser sur une industrie qui mérite à tant d'égards les encouragements du gouvernement. Il serait au moins équitable de fixer
la redevance proportionnelle sur les bénéfices vrais que les sociétés
distribuent à leurs actionnaires, rien de plus exact que le bénéfice
établi par les sociétés ; les administrateurs des sociétés, placés entre
des actionnaires qui désirent généralement recevoir les plus gros
dividendes et la loi sur les sociétés prête à leur infliger des peines
sévères s'ils distribuent des bénéfices illicites, établissent à chaque
inventaire le chiffre exact du revenu de l'année.

Mais chaque administration publique discute à sa manière le
bénéfice net de l'exploitation : suivant les uns, les frais généraux
portés en compte sont exagérés, le personnel est trop nombreux
ou trop payé, la redevance doit être prélevée sur une partie de ces
frais dont la société devrait s'exonérer ; suivant les autres, les frais
de vente des produits, les pertes commerciales ne doivent pas

amoindrir les recettes de l'État ; que diraient donc les administrations si une loi précise décidait que l'intérêt des sommes engagées dans l'exploitation doit équitablement se déduire du produit net.

Cette mesure est fâcheuse, car elle donne prise à l'arbitraire, elle est inquisitoriale et elle soumet l'exploitant au bon vouloir de l'administration locale.

Un exemple démontrera les singuliers abus qui peuvent se produire : il y a peu d'années, une mauvaise récolte avait élevé le prix des vivres, et les classes laborieuses étaient soumises à de dures privations ; plusieurs sociétés houillères vinrent en aide à leurs ouvriers, dans les départements du Nord et du Pas-de-Calais ; une société dépensa 40,000 francs en livrant à son personnel du pain à bon marché. Eh bien ! l'administration n'a pas voulu porter cette somme aux frais généraux d'exploitation, elle n'a voulu tenir compte ni d'une difficulté de force majeure qui était manifeste, ni des sentiments de justice de la société, elle a voulu comprendre cette somme dans la taxe de 5 pour cent, et elle a pu reconnaître une œuvre de haute bienfaisance en lui faisant supporter un impôt de 2,000 francs.

Veut-on maintenant juger, au moyen de chiffres précis, la situation d'une compagnie exploitant une mine sous le régime des administrations françaises et espagnoles, je prends comme exemple la compagnie des mines de zinc de la province de Santander. Depuis 8 ans la compagnie a réalisé 10,735,000 francs en vendant ses produits ; le produit net, déterminé chaque année avec les plus grands soins, a été, dans la même période, de 3,020,000 fr. ; ce produit net est déduit des frais généraux, des frais de procès, d'assurances et de droits de surestari des navires qui exportent les produits, de divers sinistres et enfin de ces dépenses imprévues qui résultent forcément de l'inexpérience dans une mise en œuvre ; les administrations publiques eussent certainement estimé le produit net à plus de 4 millions, et elles eussent prélevé 200,000 francs de redevances proportionnelles. Les redevances superficielles payées au gouvernement espagnol, les frais de dénonciations de

démarcations pour un nombre de pertenences qui s'est élevé jusqu'à 110, sont portés en compte pour 62,938 francs.

En rappelant ici que les gîtes calaminaires de la compagnie forment des amas abondants, circonscrits dans de petits espaces, on
comprendra comment la loi se prête si bien au développement de
l'exploitation. Toute mine épuisée ou reconnue sans valeur est
abandonnée : dès que les produits disparaissent sans espoir de retour, il n'y a plus de droits à payer ; quand la compagnie a pu,
dans le cours de son exploitation, étudier parfaitement son terrain,
elle n'a plus conservé que les mines vraiment utiles, et ses redevances ont diminué dans la proportion des surfaces délaissées.

Il est permis de croire que la taxe des mines est quatre fois plus
forte en France qu'en Espagne, et que le système des pertenences
offre aux exploitants l'avantage d'étendre sans cesse ou de réduire
la surface de leurs concessions, de modifier ainsi leurs redevances,
et de satisfaire enfin aux besoins d'une industrie dont les éléments
sont soumis à tant de variations.

Influence de la loi sur l'industrie des mines.

En résumant les diverses circonstances qui ont présidé à la découverte et à l'exploitation des zones minérales de l'Espagne, il est
évident que la législation sur les mines, sans cesse perfectionnée,
est la cause déterminante des progrès de cette industrie. Si l'on
attribuait purement au hasard la découverte des richesses minérales, la loi n'y exercerait pas autant d'influence ; mais en admet-
tant que les inventeurs heureux aient dû à des circonstances for-
tuites la pensée d'exploiter certaines régions minérales, il faut
bien admettre aussi que leur esprit d'observation, des connaissances spéciales ont été stimulés par l'intérêt immédiat auquel le
législateur a apporté un puissant concours. L'histoire de la découverte et de l'exploitation des gîtes métallifères est l'enseignement le
plus pratique que puissent consulter les administrations publiques ;

après avoir décrit les conditions de la loi, il est intéressant de résumer ici les quelques traits qui en ont été la conséquence.

L'exploitation des mines était interdite en Espagne à l'industrie privée, quand parut, en 1825, la loi qui ouvrit la carrière des mines à toutes les situations sociales comme à toutes les fortunes. Aussitôt les pauvres habitants des sierras de Lujar et de Gador se font mineurs, l'exemple gagnant de proche en proche la Sierra-Almagrera, les provinces d'Alméria et de Murcie se couvrent d'exploitations. On a vu les modestes existences du plus petit village former des associations avec les prolétaires, et poser entre eux les principes de sociétés basés sur des besoins réciproques ; l'intérêt de chacun se proportionnait aux avantages dont il faisait profiter la mine mise en communauté. Les plus aisés apportaient souvent un mince capital, tel autre fournissait les outils, et celui qui ne possédait que ses bras se mettait au travail en ne demandant que son pain et sa part d'actions en attendant l'époque des bénéfices. Dans ces conditions, les travaux n'étaient que superficiels, mais en se propageant jusque dans les villes et à l'étranger, la renommée attira les capitaux qui vinrent en aide aux petites sociétés et activèrent le développement prodigieux des exploitations de mines. L'histoire disait bien que les peuples anciens retiraient des provinces de l'Andalousie d'énormes quantités d'argent et de plomb, mais les historiens avaient pu en exagérer l'importance ; les montagnes de scories, d'anciens fours romains, des travaux souterrains étendus étaient dissimulés par l'action du temps et de la végétation ; la mer recouvre aujourd'hui de ses eaux, près de Carthagène, toute une région occupée jadis par des fonderies métallurgiques.

Le législateur a compris qu'il fallait demander à l'action individuelle et collective l'exploitation des richesses minérales délaissées depuis trois siècles ; le libéralisme de ses règlements a stimulé l'initiative des hommes de toutes les professions : nous avons dit que le célèbre filon Jaroso était dû aux observations et aux travaux d'un officier, et qu'un receveur des contributions avait eu le premier la pensée de rechercher sous des affleurements pauvres les riches minerais d'Hiendelaencina. Les ingénieurs du corps des mines concourent puissamment aux investigations et aux exploitations. M. G. Schultz publie sa belle carte géologique des bassins houillers des Asturies, et M. A. Maestre, dont le nom se rattache aux recherches des plus riches zones minérales, révèle les ressources de la Sierra-Névada, et se met à la tête d'une société privée. Des capitaux anglais activent les exploitations d'Hiendelaencina et de la province de Jaen, et la France engage au delà des Pyrénées, dans les exploitations de mines, une somme qui n'est pas inférieure à 50 millions de francs depuis dix ans.

La sollicitude des administrations espagnoles s'étend aux règlements qui intéressent indirectement l'exploitation des mines. Les voies de fer destinées spécialement au débouché des produits minéraux ont été déclarées d'utilité publique, et jouissent en conséquence des mêmes droits aux subventions de l'État et autres privilèges stipulés par la loi générale sur les chemins de fer. L'utilité de l'exploitation des mines est une vérité vulgarisée chez les populations, et dans tous les degrés de la hiérarchie administrative l'autorité favorise l'exploitant. Ainsi, une route de 23 kilomètres, entreprise il y a deux ans et terminée aujourd'hui, relie le bassin houiller de Quiros aux usines royales de Trubia ; l'exécution de cette route intéressait le gouvernement et les habitants de la vallée qu'elle traverse ; la société houillère s'est chargée des travaux conformes à ses plans autorisés par l'administration, sa dépense lui sera en grande partie remboursée au moyen d'annuités votées par les communes et par la députation provinciale.

Je ne connais pas en France, ni en Algérie, d'exemples de compagnies d'exploitation houillère ou minérale ainsi favorisées par les administrations supérieures ou départementales, et par les habitants du pays, lorsqu'il s'agit d'ouvrir le débouché des produits. Une subvention accordée à une société privée constituerait un fait inouï, qui exciterait les clameurs des habitants intéressés même à l'ouverture d'une voie nouvelle. Je n'oserais sans doute

pas affirmer qu'il ne s'est jamais trouvé en France un conseil général, un conseil municipal votant des fonds pour favoriser une
entreprise de mines; mais, sous le rapport des transports, de
grands sacrifices sont assurément imposés à nos sociétés; une mesure qui met les exploitants en dehors du droit commun tarife le
mouvement des produits minéraux sur les routes secondaires;
quand les jurys sont appelés à évaluer la valeur des terrains qui
s'exproprient pour ouvrir des routes ou chemins de fer de mine,
les estimations se font avec le parti pris de faire payer le plus chè-
rement qu'ils le peuvent les compagnies de mines.

Les jurys d'expropriation prononcent sans appel et leurs jugements sont généralement pris à l'avantage du propriétaire dépos-
sédé dans la construction des grandes lignes de chemins de fer;
mais si ce penchant général, qui porte les jurys à protéger le
faible contre le fort, est une source d'abus qui pèsent sur nos
puissantes compagnies de chemins de fer, les sociétés de mines
en supportent les effets d'autant plus gravement qu'elles ont moins
de fortune et de crédit : ainsi, l'année dernière, la société houillère d'Auchy-aux-Bois évaluait à un maximum de 60,000 francs
la valeur des terrains qu'occupe sa voie de raccordement avec les
lignes du Nord, le jury n'a pas craint, en portant ce chiffre à
160,000 francs, de donner un nouvel et incroyable exemple des
sentiments injustes qui gouvernent l'opinion si généralement
contre l'industrie des mines.

La compagnie des mines des Mouzaïas a, elle aussi, construit à
ses frais une route de raccordement; elle a doté la colonie de plus
de 20 kilomètres de route d'utilité particulière et publique, et les
difficultés du terrain lui ont occasionné des dépenses considérables; elle n'a pas songé même à solliciter une subvention du gouvernement à l'époque où elle était condamnée à faire ses malheureuses tentatives du traitement de ses minerais.

L'exploitation des mines est certainement la branche de nos
industries la moins favorisée en France par les administrations et
aussi par l'opinion publique. En exceptant les mines de houille et

de fer dont les conditions générales offrent le moins de chances éventuelles aux exploitants, les mines métallifères proprement dites sont délaissées. L'étude des ressources minérales de notre métropole démontrerait que leur abandon général résulte de ces mêmes circonstances qui entravent l'essor des exploitations en Algérie, s'opposent chez nous à la vulgarisation de cette importante industrie, et dirigent nos capitaux au delà des frontières de la France.

Assurément, des richesses minérales exceptionnelles ont excité de tout temps l'attention générale du peuple espagnol, mais il faut convenir aussi que le gouvernement a sans cesse soutenu l'ardeur des mineurs en leur accordant des avantages et en perfectionnant ses règlements. Une ordonnance promulguée à Madrid, en 1783, est un témoignage remarquable de l'esprit qui présidait déjà au développement des mines des colonies espagnoles de l'Amérique; les priviléges qu'elle concède aux mineurs contrastent singulièrement avec nos règlements restrictifs et avec les idées répandues si fatalement en France sur cette profession.

L'ordonnance expose comment le gouvernement est intéressé à diminuer les périls et les difficultés de cette importante industrie et à la mettre en faveur chez les esprits les moins aventureux, elle reconnaît que si la Providence a spécialement doté la Nouvelle-Espagne de produits précieux, l'État doit veiller à la durée, aux difficultés et aux incertitudes qui sont propres et naturelles à ce genre de travaux; en considérant encore les profits et le bonheur des habitants, les intérêts du trésor public, le mouvement commercial, elle concède les priviléges suivants à ceux qui se vouent aux travaux des mines du Mexique et du Pérou.

Le privilége de la noblesse est conféré en faveur de la profession scientifique des mines, afin que ceux qui se vouent à cette importante étude et exercice jouissent de toute la considération que mérite cette noble profession. Les propriétaires de mines, leurs administrateurs, employés et ouvriers, ne pourront pas être arrêtés pour dettes; mais ils devront se libérer au moyen de la retenue du tiers de leurs salaires. Mais si les mines sont séquestrées, le propriétaire exploitera celles qu'il aurait en production, et jusqu'au moment où il se libérera au moyen de ses produits, ses dépenses se réduiront aux besoins de sa famille et de ses travaux. Si ses biens d'une autre espèce sont saisis, réserve lui est faite d'un cheval, d'une mule, de ses armes et des effets indispensables pour lui et sa famille. Le conseil des mines informera le roi de ceux qui auront bien mérité dans cette profession, principalement de ceux qui y auraient perdu leur fortune, vieilli dans les travaux ou compromis leur santé, afin d'accorder aux sujets pratiques et intelligents les emplois et les faveurs prévus dans les lois.

Les enfants ou descendants de mineurs ou d'entrepreneurs de mines qui se seront distingués seront signalés au roi, qui leur réservera des emplois politiques, militaires ou ecclésiastiques dans ses États de l'Amérique. Les mineurs et leurs administrateurs ne doivent pas être empêchés dans leurs exercices, mais ils peuvent être employés dans la justice et la municipalité des villes et des populations de mines ou autres, sans être contraints à l'acceptation de ces fonctions. Dans la répartition des droits relatifs à la construction des maisons et usines, aux achats des approvisionnements nécessaires à leurs travaux et à leurs familles, les mineurs seront traités avec les égards dus à leur utile profession ; il en sera de même pour les concessions qui pourront leur être utiles dans les montagnes, en bois et fabrication de charbon, en pâturages et en rivières ; si ces propriétés ne sont ni publiques ni communales, ils devront les acheter au juste prix aux particuliers. Connaissant la liberté immodérée avec laquelle les mineurs dissipent leur fortune et réduisent leurs familles à la misère, le conseil des mines est invité à donner des avertissements à ceux qui font un usage fâcheux de leurs bénéfices et, au besoin, à leur donner un curateur ou à prendre toute autre mesure propre à sauvegarder leurs biens. Les jeux de hasard et autres jeux, dont l'excessif abus est funeste, sont prohibés parce qu'ils occasionnent une perte de temps et qu'ils sont une source de ruine, de désordres et d'homicides.

Le tribunal royal des mines et toutes les autorités des États sont chargés de veiller spécialement à l'observation de cette ordonnance.

Une ordonnance datée de 1809 prescrit aux commandants militaires d'exonérer du service militaire, en temps de paix, les mineurs et leurs ouvriers.

Ce texte résumé est une preuve convaincante de la sollicitude éclairée avec laquelle le gouvernement espagnol a su soutenir la persévérance des mineurs sur ses anciennes conquêtes, qui nous sont beaucoup plus connues par les excès des Cortez et des Pizarre que par les éléments civilisateurs partis de Madrid. Des écrits exagérés ont entretenu en France l'opinion que l'Espagne avait implanté dans ses colonies, avec l'absolutisme de ses vice-royautés, l'usage de tous les abus et l'oubli de tous les principes fécondants. Les États de l'Amérique espagnole ont reçu de leurs anciens souverains des institutions assez profondes, des lois assez équitables pour maintenir leur existence et soutenir les progrès de plusieurs, malgré le désordre de leurs agitations politiques.

Ces observations me permettent d'exprimer cet avis fondé que les institutions de l'Espagne, sanctionnées par l'expérience dans les colonies et dans son propre territoire, s'appliqueraient utilement à l'essor de l'industrie des mines de l'Algérie; il suffirait aux grands intérêts de l'État et des particuliers d'y apporter, dans le sens des libertés, les perfectionnements que comporte notre situation industrielle.

Persuadé que nulle industrie n'a plus besoin de s'appuyer sur la puissance des associations et des individus, je ne suis pas partisan de l'exploitation des mines par le gouvernement, mais en remarquant cet esprit éminemment pratique qui domine chez le législateur et chez l'ingénieur des mines, en Espagne, on peut se demander si l'exploitation de quelques mines et usines par l'État n'en est pas la cause, si les besoins des particuliers n'y ont pas été étudiés à l'école de l'expérience, et si cette initiative de l'État, continuée pendant les trois siècles de l'abandon des mines, n'a pas été la source de la prospérité de l'industrie minérale.

Les méthodes d'exploitation se sont conservées dans les mines d'Almaden et de Rio-Tinto; le corps de l'artillerie dirige la fabrication de canons, d'armes, les hauts fourneaux réunis dans les belles usines de Trubia, il exploite la houille et des minerais de fer. Dans ces mines et usines royales, les ingénieurs de l'État puisent les connaissances pratiques qui pénètrent dans le cabinet du législateur chargé de prononcer sur les questions des intérêts minéraux. Ce que le trésor public peut perdre dans ces exploitations directes est compensé largement par leur influence sur l'industrie privée. Les fonctionnaires de l'État, en y apprenant la variété et la nature des difficultés de l'art des mines, sont mieux disposés à accorder aux entreprises particulières l'appui de leurs lumières et de leur bienveillance.

Ces motifs me portent à partager l'avis de MM. Anciola et de Cassio, au sujet des mines de cuivre de Rio-Tinto, dont la vente à l'industrie privée a été décrétée en principe. Ces ingénieurs des mines ont proposé de continuer l'exploitation par l'État, de la développer, et de vendre les minerais aux sociétés particulières. Ces minerais se convertiraient sur place en mattes, au moyen des opérations de grillage, de cémentation et d'une première fusion. Des navires, apportant à Huelva les charbons nécessaires, transporteraient en retour les mattes de cuivre à proximité de l'un des bassins houillers des Asturies. Les mattes se convertiraient en cuivre dans une usine à créer dans des conditions à peu près analogues à celle de Swansea, en Angleterre.

Il y a, dans ce projet, l'élément d'une grande et puissante affaire : non-seulement les minerais de cuivre de Rio-Tinto s'utiliseraient dans les meilleures conditions de traitement, mais les autres minerais de cuivre de la province de Huelva, ceux qui se chargent dans les différents ports de l'Espagne, de l'Italie et de l'Algérie se dirigeraient de préférence dans les Asturies, et les navires transporteraient au retour les houilles ou cokes nécessaires à la concentration sur place des minerais.

Ce projet s'étudie, et lorsque le moment de sa mise à exécution sera venu, les mines de cuivre de l'Algérie y trouveront particulièrement un élément puissant de prospérité.

Rapprochements géologiques entre l'Algérie et l'Espagne.

Je me propose de compléter cette étude des mines de la province d'Alger et de l'Espagne, au double point de vue de la richesse minérale et des conditions administratives, au moyen d'un examen comparatif, et de déduire de la voie des rapprochements et de l'expérience l'importance trop méconnue des ressources de nos provinces algériennes. Si le gouvernement voulait que les mines connues fussent exploitées et que les régions encore inconnues fussent explorées, s'il voulait sans aucun sacrifice de sa part peupler un grand nombre de localités désertes et répandre le bien-être dans plusieurs de ses colonies agricoles, il lui suffirait de décréter les libertés concédées aux mineurs par le gouvernement espagnol.

La description minéralogique de M. Ville sur les provinces d'Oran et d'Alger, la carte géologique tracée par cet ingénieur des mines, en ce qui concerne les bandes géologiques et les mines connues, sont les documents officiels qui me permettent de signaler quelques rapprochements intéressants.

La configuration des terrains, dans les provinces de l'Espagne, d'Oran et d'Alger, offre à l'œil une analogie remarquable. Les principales arêtes de montagnes courent à peu près parallèlement entre elles depuis les lignes de faîte de l'Atlas jusqu'à celles des Pyrénées; leur direction se rapproche de la ligne E.-O., et c'est dans ce sens que se sont produites les principales éruptions de roches ignées, auxquelles sont dus leurs reliefs de soulèvements. La carte géologique de l'Espagne et celle des provinces d'Oran et d'Alger montrent assez sensiblement cette allure générale dans les bandes des différents terrains, mais avec une déviation vers le N.-O., en s'avançant vers le nord. Les vallées du Guadalquivir, du Tage, du Duero et de l'Èbre présentent autant de bandes appartenant aux étages tertiaires moyens et inférieurs caractérisés par de puissantes assises de gypse et de marnes; en Algérie, la vallée de la Métidja, la partie connue de la vallée du Chélif au sud de Médéah et de Milianah, les vallées de Mléta et Sidi-bel-Abbès au sud d'Oran, sont classées par M. Ville dans les terrains quaternaires; les assises supérieures forment les collines du Sahel et celles du littéral à l'ouest d'Oran; le terrain tertiaire moyen compose les premiers mamelons de l'Atlas sur les limites de la vallée de la Métidja, d'une partie de la vallée du Chélif aux environs de Ténès; cette formation se montre beaucoup plus développée dans la province d'Oran.

Le terrain nummulitique que M. Ville signale comme étant très-développé à l'est de la province d'Alger dans le Jurjura, entre les bords de l'Isser et Sidi-bel-Abbès, forme encore une étendue considérable dans le Maroc : il compose presque entièrement la presqu'île de Tanger, rompue par le détroit de Gibraltar; il reparaît en Espagne dans la province de Cadix et sur les versants sud des Pyrénées.

Les bandes des terrains crétacés inférieur et jurassique composent la plus grande étendue des escarpements connus de l'Atlas. Ces terrains sont représentés en Espagne : dans les Pyrénées, ils forment des bandes moins étendues et des îlots dans les régions montagneuses de l'est.

Le terrain houiller, si développé dans les Asturies et dans la Sierra-Morena, n'est pas connu en Algérie. Il en est à peu près de même des terrains de transition : le système silurien recouvre près du tiers de la péninsule espagnole, et nous ne connaissons en Algérie que le massif de la Bouzaréah se rapportant aux étages de transition. M. Ville a étudié sur la frontière du Maroc un terrain schisteux plus ancien que le terrain jurassique.

Les terrains d'origine ignée occupent de grandes étendues dans les montagnes de l'Espagne : la roche soulevante des Pyré-

rénées, le granit, y forme des îlots découverts; cette roche forme
la chaîne du Guadarrama qui domine Madrid, et elle compose,
avec le micaschiste et le gneiss, plusieurs bandes dans les provinces du sud; les roches porphyriques et les trachytes, etc.,
existent généralement dans les régions de mines. Le granit forme
des filons dans le massif de la Bouzaréah près d'Alger; il est signalé dans les montagnes de la Kabylie, il affleure sur plusieurs
points de la province d'Oran et de la province de Constantine.
Les roches éruptives proprement dites s'observent dans les zones
métallifères; j'ai trouvé des diorites détachées sur le grand pic
des Mouzaïas, trois massifs de basalte et du porphyre sont reconnus dans la province d'Oran.

En exceptant plusieurs terrains intermédiaires placés au-dessous
des terrains jurassiques jusqu'à l'étage de transition, les formations
qui composent les terrains de l'Espagne sont représentées en
Algérie. En observant encore la similitude des terrains de chaque
côté du détroit de Gibraltar, il est vraisemblable qu'à une certaine époque l'Afrique et l'Espagne se rattachaient par une bande
de terrain, que les eaux ont dû envahir à la suite de l'un de ces
phénomènes d'affaissement qui s'est reproduit, en 881, près de
Carthagène, où la mer recouvrit une étendue de sept lieues sur
cinq.

Gîtes réguliers encaissés dans les schistes.

Les terrains de formation moins ancienne sont beaucoup plus
étendus dans les parties connues de l'Algérie que dans la péninsule espagnole. Les gîtes métallifères de l'Espagne sont généralement encaissés dans les schistes anciens, tandis qu'ils appa-
raissent en Algérie dans les argiles schisteuses du terrain tertiaire
ou dans les schistes de la formation secondaire. Cette circonstance eût pu faire concevoir des doutes à l'époque où l'expérience
n'avait pas démontré que la formation des filons était indépendante de l'âge des terrains; mais ce qui devient remarquable

dans ces situations géologiques différentes, ce sont des analogies qui portent à croire qu'ils ont été produits par les mêmes séries de phénomènes.

Rapprochements minéralogiques entre l'Algérie et l'Espagne.

Les filons que nous avons décrits se rapprochent d'une direction commune vers l'E.-N.-E.; ils sont en relation, dans les terrains nouveaux comme dans les terrains anciens, avec des roches éruptives : les porphyres, les diorites, les trachytes, etc., dont l'action soulevante a déterminé les fractures que les matières minérales ont remplies; enfin la gangue générale des minerais est le fer carbonaté si souvent associé à la baryte sulfatée dans les filons argentifères, le quartz ou le calcaire.

La formation des gîtes métallifères n'est pas, comme on est disposé à le croire, indépendante de la composition des terrains encaissants; les gîtes réguliers se développent de préférence dans les schistes de tous les âges géologiques; ils ont une disposition à se perdre dans les terrains compactes et calcaires, où ils forment les gîtes irréguliers que nous avons décrits. Les filons du district de Siegen, en Westphalie, traversent un terrain formé par une succession de bancs de schiste et de grauwake; les émanations minérales soumises à une pression se sont déposées dans le terrain schisteux et compressible; dans les grauwakes compactes, les filons sont stériles. La calamine et la galène forment des nids irréguliers dans les encaissements calcaires du nord de l'Espagne; ce n'est qu'au contact ou près des dolomies que la calamine forme les puissants amas de la province de Santander. Les amas irréguliers des sierras de Gador et de Lujar s'exploitent dans les calcaires compactes du terrain silurien; enfin, dans la province d'Oran, la mine de plomb de Coudiat-er-Ressas offre encore une disposition similaire de gîtes irréguliers dans le calcaire.

Les anciens travaux sont plus développés en Espagne qu'en Algérie.

Les anciens conquérants de l'Afrique française n'y jouirent pas des tranquillités politiques auxquelles ils durent le développement de leur industrie sur les rives ibériennes; pendant diverses périodes de pacification, les habitants des montagnes de l'Atlas, retranchés dans leurs retraites, se tinrent dans tous les temps en dehors des progrès de l'humanité. La race arabe, dont le génie érigea tant de monuments célèbres en Espagne, répandit la richesse dans les campagnes en irriguant les terres, et sut encore extraire les minerais utiles et les traiter; mais, comme frappée de torpeur à la suite de ses défaites, elle resta inactive et incapable dans ses retraites du nord de l'Afrique. Il faut attribuer à ces circonstances l'abandon de la richesse minérale par les anciens dominateurs de notre colonie. Cependant des vestiges d'anciens travaux existent dans la province d'Oran : la mine de plomb argentifère et de cuivre de Rouban, décrite dans l'ouvrage de M. Ville, a été anciennement exploitée; un filon a été l'objet d'excavations considérables à ciel ouvert, et on trouve des amas de déblais anciens et des scories; la mine de plomb de Derf-el-Hamar offre d'anciens travaux souterrains irréguliers, que M. Flageolot attribue aux Arabes. Il existait aux mines des Mouzaïas des scories anciennes, des masses de déblais et des tas de minerais préparés; mais ce qui fait croire que l'industrie des Romains ne s'est pas beaucoup étendue dans les montagnes abruptes de ces régions algériennes, c'est que, l'année de la mise en exploitation des mines des Mouzaïas, j'ai découvert, dans le groupe Nemours, un abatage à ciel ouvert et une galerie souterraine de dix mètres, portant les traces des outils de mine du travail à la poudre. Les indigènes attribuaient ces travaux à des Espagnols. Schaw rapporte, en effet, que vers le milieu du siècle dernier, quelques renégats espagnols engagèrent les deys d'Alger à rechercher de l'argent dans les montagnes de Farnan, situées aux environs de Médéah.

Les Romains, qui exploitèrent avec tant d'activité l'argent, le plomb et le cuivre en Andalousie, l'or dans les Asturies, négligèrent des gîtes métallifères dont la richesse était apparente sur les affleurements dans leurs possessions d'Afrique, ou, du moins, si quelques vestiges d'anciens travaux appartenaient à une époque reculée, ils n'ont pas l'importance de ces ouvrages d'art qu'on découvre dans la plupart des gîtes manifestes de la péninsule espagnole.

Avant notre conquête, l'Algérie n'a jamais joui, à aucune autre époque historique, de la pacification qu'on trouve aujourd'hui dans les trois provinces du territoire Algérien. Les tribus indigènes sont en quelque sorte responsables des méfaits commis dans le territoire de chacune; les mineurs peuvent trouver une sécurité parfaite dans leurs montagnes accessibles, et le champ déjà si vaste des explorations se développe jusque vers les anciennes retraites de Jugurtha.

Nos tendances ne s'opposent pas au développement de la richesse minérale.

Des gîtes métallifères sont reconnus dans les régions où les premières recherches ont pu se diriger, mais il est intéressant de remarquer que nos tendances industrielles ne s'effrayent pas, aux époques d'engouement, des périls d'une situation avancée : l'exploitation des mines des Mouzaïas débutait, en 1844, dans une tribu récemment asservie. Il y a douze ans, M. H. Néri s'établissait sur la frontière de Tunis, et commençait la belle exploitation de plomb argentifère du Kef-Oun-Theboul; un État permanent d'hostilité des tribus étrangères ne s'est pas opposé un moment au succès continu des courageux exploitants; à l'extrémité opposée, sur la frontière du Maroc, l'ancienne mine de plomb et cuivre argentifères de Rouban est mise en exploitation, malgré les dangers de sa position reculée.

Observations générales.

Il serait injuste d'accuser d'indifférence nos dispositions industrielles, elles se dirigent volontiers vers les entreprises difficiles dès qu'elles sont reconnues utiles; de plus, il serait inexact de croire à la rareté et à la stérilité des gîtes métallifères de l'Algérie; on a pu dire et répéter sans cesse que la France avait peu de gîtes métallifères utilement exploitables, que les riches régions minérales de l'Allemagne et de l'Angleterre étaient des exceptions rares dont rien ne justifiait l'existence dans son territoire, et cependant le petit nombre de gîtes métallifères mis en exploitation aujourd'hui ne saurait faire oublier les anciennes mines travaillées à diverses époques dans les plateaux de la France centrale, en Bretagne, dans les Pyrénées, etc.; l'étude comparative des ressources minérales de ces régions et de celles qui s'exploitent avec tant d'éclat au delà de nos frontières, démontre que les mines ont disparu sous l'influence de nos procédés administratifs, et qu'elles prospèrent chez tous les gouvernements étrangers qui ont su en favoriser les progrès.

La France importait, en 1862, une valeur de 122,299,000 fr. en métaux autres que le fer, la fonte et l'acier; elle en exportait pour 15,358,000 fr.; elle a donc payé à l'étranger près de 107 millions pour couvrir l'insuffisance de sa production minérale.

Il y aurait peu à faire, non pour couvrir directement ce déficit, mais pour accroître la richesse publique dans une proportion équivalente, il suffirait de modifier les procédés administratifs dont les effets, après avoir paralysé l'industrie des mines de la métropole, condamnent à l'abandon les ressources intéressantes de nos possessions d'Afrique.

Il existe en Algérie plus de vingt périmètres de gîtes de cuivre connus; les uns sont concédés, d'autres ont été soumis à des explorations, la plupart sont abandonnés. Si le gouvernement sollicitait l'attention générale sur cette ressource, s'il encourageait les exploitants et les explorateurs, il y aurait certainement lieu d'espérer que le chiffre de la consommation du cuivre de 38,518,000 fr. en 1862, se rachèterait en partie par les produits bruts de l'extraction des minerais cuprifères ; on pourrait attendre de 20 à 30 mines de cuivre en exploitation une portion des 19,000 tonnes environ de ce métal que la France consomme.

A la vérité, les minerais de cuivre se traiteraient, en France ou à l'étranger, tant qu'on ne trouvera pas de houille à bon marché sur le littoral, mais au port d'embarquement chaque kilogramme de cuivre contenu dans le minerai vaudra un prix variable avec le cours de ce métal et le prix de transport, soit environ 1,80 ; et si, par exemple, les mines de l'Algérie produisaient une proportion de minerais correspondante à 10,000 tonnes de cuivre, le produit brut de 18 millions de francs n'en augmenterait pas moins la richesse publique, sous la forme des frais de salaire, de transport, de direction, de construction et de bénéfices distribués aux actionnaires. En face de ce résultat possible, quel intérêt le gouvernement aurait-il à maintenir sa redevance proportionnelle? Par quel mobile les administrations justifieraient-elles cette répugnance à instituer des concessions de mines? Pourquoi cette nécessité de développer tant de travaux de reconnaissance, dont l'étendue même mettra sans cesse en défaut l'ingénieur le plus expérimenté?

En étudiant ces réserves des administrateurs, ces idées restrictives qui frappent d'impuissance nos efforts industriels, j'ai démontré comment elles sont en opposition avec l'esprit du législateur qui promulgua la loi d'avril 1810. Puis, en décrivant plusieurs des principales mines de l'Espagne, j'ai voulu faire valoir les avantages inhérents aux exploitations dues au régime libéral des ordonnances ; enfin, une évaluation hypothétique me permet de mieux préciser ma pensée.

L'hypothèse que les mines de cuivre de l'Algérie produiraient 18 millions de francs bruts par an, sous l'influence d'une législation encourageante, n'a rien de très-exagéré. Mais, admettons ce chiffre, et décomposons-le. Près des deux tiers de cette somme, 12 millions environ, se convertiraient en main-d'œuvre, transports, achats de diverses matières composant la consommation et le matériel; ils se distribueraient dans les villages agricoles et dans les villes; les 6 autres millions formeraient les bénéfices à distribuer aux actionnaires.

Mais ce résultat considérable ne peut qu'être la conséquence des sacrifices les plus sérieux et les plus persévérants. Il ne faudrait peut-être pas moins de cinquante millions de francs, somme égale aux capitaux dirigés depuis dix ans de France en Espagne, pour mettre en exploitation toutes les mines de cuivre connues en Algérie. Les sociétés qui entreprendraient cette œuvre, en s'appuyant sur tous les principes de l'expérience et de la prudence, pourraient espérer un produit net de 12 pour cent de leurs capitaux engagés.

Ainsi, les capitalistes, pour prix de leurs risques, de leurs efforts les mieux dirigés, ne recevraient qu'un intérêt modéré de leurs fonds, en répandant dans la colonie une richesse importante.

On ne comprendrait pas qu'une perspective limitée avec cette modération pût être un stimulant suffisant. Cependant, toute industrie de mines capable de garantir un revenu excédant 5 pour cent au capital d'exploitation trouve des acquéreurs aux époques d'engouement; l'inégale distribution des minerais dans les filons peut favoriser une entreprise; il est toujours permis d'espérer des améliorations en multipliant et en approfondissant les travaux; enfin, une bonne direction peut concourir à l'accroissement des bénéfices. Les mines soumises aux chances variables des profits éventuels exercent un certain prestige chez tous les peuples, et comme les résultats sérieux sont toujours la conséquence d'une bonne direction, les particuliers s'attachent volontiers à l'administration des sociétés d'exploitation.

Nous ne sommes peut-être pas bien éloignés d'une époque favorable à la reprise des travaux de mines. Les entreprises de chemins de fer ont familiarisé le public avec les revenus éventuels; on a pris l'habitude de calculer les produits probables des grandes compagnies de chemins de fer, et de chercher, tantôt dans le trafic du Nord, tantôt dans celui du Midi, un accroissement de fortune annuelle. Mais, aujourd'hui, cette source de l'activité financière est à peu près tarie en France ; le revenu des actions de chemins de fer devient tout aussi stable que celui des obligations. Les besoins de notre époque et des habitudes contractées font renaître, depuis dix ans, plusieurs branches d'entreprises industrielles ; on va chercher au delà de nos frontières les éléments délaissés dans la métropole et dans ses colonies. Le gouvernement a voulu arrêter ce mouvement de nos ressources industrielles, en refusant la cote officielle de la Bourse aux actions de mines ou autres des exploitations étrangères ; cette mesure aujourd'hui abandonnée ne s'est pas opposée au courant naturel des intérêts privés ; le gouvernement n'a le pouvoir de retenir les capitaux des particuliers sur son propre territoire qu'en leur offrant les facilités qu'ils trouvent ailleurs.

La condition essentielle de l'admission des valeurs à la cote officielle de la Bourse est que ces valeurs ou actions soient assez nombreuses pour produire un cours véritable, et tel que le public ne puisse pas être induit en erreur. Il résulte de cette difficulté de vendre ou d'acheter les actions des petites sociétés de mines un obstacle à la formation des exploitations de peu d'étendue.

La tendance générale des capitaux vers les placements à revenus variables est manifeste, moins pour les petites épargnes que pour les fortunes capables de subir sans gêne les premières incertitudes d'une affaire industrielle. Mais, à ces capitaux prêts à se multiplier dans les mines, il faut aplanir les premières difficultés, éloigner autant que possible les chances incertaines, et offrir des éléments immédiats d'exploitation. C'est pourquoi une loi qui permettrait aux habitants du pays de faire les premières recherches, de créer des propriétés minérales que le capitaliste n'eût plus qu'à acheter ou même à louer, serait, en Algérie, si favorable à la reprise et au développement de l'industrie minérale.

Le jour où la multiplicité des concessions instituées permettra d'y acquérir une mine, de faire son choix, comme le cultivateur choisit et achète la terre qu'il veut exploiter, l'exubérance de nos ressources industrielles se dirigera tout aussi bien en Algérie qu'en Espagne.

Des sociétés de mines.

Une disposition à reporter sur les administrations le bien ou le mal de toutes choses est le résultat d'une réglementation trop sévère et trop absolue des inclinations individuelles, mais il faut bien avouer que les égarements de l'opinion publique contribuent encore à la suppression de l'industrie des mines. Quelles critiques n'a-t-on pas soulevées contre les sociétés des mines? Dans le succès, les exploitants excitent un sentiment d'envie dont les effets suscitent des entraves fâcheuses; dans les revers on attaque l'exagération des apports, l'agiotage sur les actions et l'oligarchie des administrations sociales; le mérite d'une direction, sa moralité même se mesure sur l'importance des dividendes; telle exploitation, dans les années prospères, jouissait du crédit le mieux justifié, les dividendes rapportaient 10 et 12 pour cent, et le public recherchait volontairement les actions au-dessus du pair; mais une baisse inattendue survient et persiste dans le prix du métal, l'exploitation couvre péniblement ses frais et les propriétaires d'actions témoignent leurs plaintes contre la société qu'ils avaient approuvée dans les années heureuses; puis, une période durable de bénéfices s'ouvre sous l'influence d'une direction économe et intelligente, l'affaire considérée comme perdue retrouve sa faveur passée.

Ces dispositions aux exagérations et au découragement sont funestes aux entreprises de mines, qui ont besoin plus que toutes les autres de s'appuyer sur une persévérance inébranlable comme sur la plus sévère prudence, et si ces qualités n'eussent pas soutenu la plupart des sociétés en France et à l'étranger, les plus prospères, aujourd'hui, eussent succombé, comme tant d'autres, dans les moments difficiles.

Les accusations relatives à l'agiotage des actions, à l'exagération des apports sont certainement moins fondées chez les sociétés françaises qu'à l'égard des sociétés étrangères. La loi française s'oppose effectivement aux manœuvres déloyales, mais elle consacre l'usage établi des apports ; une mine est une propriété que le concessionnaire ne possède le plus souvent qu'après avoir employé et risqué des capitaux importants ; quand, au lieu de vendre sa mine en deniers comptants, il la cède à une société moyennant une part d'actions qu'il reçoit, quand il consent ainsi à livrer l'administration de ses intérêts à une société dans laquelle il n'est plus que participant, il est souverainement juste de proportionner la valeur de son apport au mérite de sa propriété minérale et de tenir compte des dépenses, des intérêts perdus, des peines et soins auxquels il a été soumis. Mais dans ce contrat, semblable à toute autre espèce de transaction, le législateur n'a pas voulu laisser de prétexte à l'actionnaire disposé à critiquer l'acte social dans les années malheureuses ; il a stipulé, dans la loi, que les assemblées générales d'actionnaires devaient vérifier et apprécier la valeur des apports, et que nulle société ne pouvait se constituer qu'après cette approbation votée sans l'intervention des associés intéressés à l'apport. Le législateur a voulu que le souscripteur d'actions fût sérieux en lui imposant le versement d'un quart de la valeur de ses actions en souscrivant, en lui interdisant la négociation de ses titres avant le versement des deux cinquièmes, enfin en le rendant responsable du payement du montant des actions par lui souscrites.

La loi du 17 juillet 1856 sur les sociétés en commandite a voulu prévenir les abus sur la distribution illicite des dividendes, elle a fait partager aux membres des conseils de surveillance la responsabilité du gérant en ce qui concerne les inventaires, et par suite la fixation des bénéfices vrais à distribuer aux actionnaires.

Le législateur est allé trop loin ; en voulant réprimer des abus il a empêché la formation des sociétés en commandite, cette source féconde à laquelle nos progrès industriels doivent leurs moyens d'action et de développement ; les mêmes procédés destructifs mis en usage à l'égard des concessions de mines et des associations ont atteint le même but, il n'y a plus eu d'abus, mais il n'y a plus eu non plus, à quelques exceptions près, depuis huit ans, ni concessions de mines, ni sociétés nouvelles en commandite. Les capitalistes qui ont craint de se compromettre dans les commandites françaises se sont abrités sous le régime de l'anonymat en Espagne et dans les autres contrées étrangères.

La loi de 1862, en instituant les sociétés à responsabilité limitée, est favorable aux principes de l'association, et les intérêts mutuels des associés sont également bien garantis : les souscripteurs sont tenus de prendre un engagement sérieux, les administrateurs sont responsables dans des limites prévues, mais ils n'ont à rendre compte que de leurs actes, et ils n'ont plus à partager de responsabilité avec une gérance à laquelle la commandite reconnaît tous les pouvoirs sociaux ; ils administrent réellement, leur devoir ne se borne plus à une surveillance passive dans laquelle le capitaliste peut, avec les meilleures intentions, courir le risque de compromettre son honneur. Déjà plusieurs sociétés en commandite adoptent cette forme nouvelle de l'association dont les conséquences agiront particulièrement sur le développement de l'industrie des mines.

Une question sur laquelle l'opinion générale n'est pas éclairée, faute d'expérience, est relative à la réunion, dans une même société, de plusieurs éléments de la production minérale. La fusion de plusieurs exploitations de houille a été interdite comme constituant un monopole funeste aux intérêts des consommateurs. Ce cas ne peut pas être assimilé à celui de la production des métaux dont le débouché ne satisfait que rarement des besoins locaux, et s'étend sur tous les marchés de l'Europe. Que dix sociétés, par exemple, se fusionnent ou s'entendent pour vendre en commun des minerais de cuivre, de plomb, d'argent, de zinc, etc... Le prix de ces métaux, élaborés en Angleterre, en France ou en Belgique en serait-il modifié dans les différents marchés du monde où le commerce les transporte? Pour admettre qu'il en résultât une hausse des métaux, il faudrait supposer un bien grand développement de notre industrie minérale; la production de la France n'exercera pas de longtemps une influence sensible sur les marchés européens des métaux auxquels les produits des nouveaux continents prennent une part active.

Les grands intérêts publics ne s'opposent véritablement pas à la réunion des exploitations des mines métallifères, mais cette réunion offre des avantages assez importants pour déterminer les gouvernements à la favoriser. De toutes les industries, celle des mines présente aux sociétés le plus d'incertitudes; pendant une certaine période telle mine riche se stérilise, et telle autre poursuivie dans la roche pauvre devient un jour une source de prospérité; il en résulte presque toujours que les exploitants suspendent leurs travaux, dès que la mine s'appauvrit, et le jour où tous les avancements se trouvent arrêtés dans la matière improductive, la société, à bout de ressources et de crédit, abandonne ses opérations.

L'étendue des concessions de mines est favorable en France au développement des travaux de mines, elle permet aux mineurs de poursuivre sur plusieurs points des travaux de reconnaissance. En Espagne, la faculté de réunir un grand nombre de petites concessions permet aux sociétés de s'étendre sur de grandes surfaces; la plupart des exploitations de pertenences isolées se sont limitées généralement aux travaux superficiels.

Nous avons vu que certains minerais, comme les cuivres gris, doivent être fondus avec des minerais d'espèces différentes; d'autres, de même composition minérale et à gangues variables, s'associent utilement dans les lits de fusion; l'établissement d'usines de traitement métallurgique nécessite des approvisionnements considérables de minerais; leur place en France est indiquée dans le voisinage du bassin houiller du Nord et du Pas-de-Calais, mieux situé que les bassins du centre et du midi ; enfin, les frais généraux des sociétés, considérables quand ils pèsent sur de petites exploitations, peuvent se réduire en raison de l'importance des produits obtenus.

Ces motifs démontrent l'intérêt de favoriser la réunion de plusieurs concessions de mines, de nature même différente, dans une même société ; des travaux multipliés sur plusieurs points d'une contrée constituent la meilleure garantie que puisse trouver le capital engagé sur des éléments, variables dans leur isolement, mais sérieux dès que le nombre en est développé.

Ces avantages ont été compris en Espagne, où la réunion des mines a reçu plusieurs applications. La société générale des mines exploite des minerais de plomb, de cuivre dans plusieurs districts et une houillère ; la société la Péninsulaire a acquis un grand nombre de pertenences dans les zones des minerais de plomb et d'argent, la compagnie des mines de zinc de la province de Santander s'est fondée à l'origine pour l'exploitation d'une mine de cuivre, elle a acquis ensuite ses amas de calamine ; enfin elle a exploré les houillères de Quiros, dont elle a fait l'élément d'une société indépendante en y conservant un intérêt.

Il est difficile de fixer l'attention sur une mine nouvelle et d'en faire l'objet d'une société indépendante, dès le principe ; mais quand, dans une province, une association jouit d'un crédit acquis par le succès, il lui est plus facile d'étendre ses opérations, de livrer quelques capitaux aux chances des recherches et de travailler utilement aux progrès de l'industrie minérale. Il est donc permis de croire qu'en protégeant la formation des grandes compagnies de mines en Algérie, qu'en basant leurs opérations sur des éléments multiples, le gouvernement favorisera encore l'exploitation et la reconnaissance des gîtes métallifères.

En préconisant les grandes sociétés d'exploitation des mines dont les capitaux se réunissent plus facilement dès que les éléments de production se multiplient, dès que le nombre des garanties concourent au sérieux de l'entreprise, il ne faut pas oublier que les travaux des particuliers pris isolément ou formant de petites associations peuvent contribuer beaucoup aux progrès de l'industrie minérale. Il est utile de protéger ces travaux auxquels l'intelligence individuelle a plus de part que les capitaux, ce sont eux qui ont révélé les ressources minérales de l'Espagne et qui ont ensuite provoqué l'intervention des capitalistes lorsque les ouvrages d'art et d'avenir ont nécessité de grands sacrifices d'argent.

Utilité de l'exploitation des mines au point de vue de la décentralisation du travail.

Des intérêts d'un ordre social élevé méritent de fixer l'attention du législateur sur le développement de notre industrie minérale : le déplacement des habitants des campagnes, l'accroissement des populations laborieuses dans les villes, l'industrie dont les progrès se propagent si activement dans le département de la Seine ; enfin, ces aspirations de la société entière qui cherche à Paris et dans nos grandes villes les satisfactions d'une ambition très-légitime, ont pour effet une distribution inégale, dangereuse même, de nos travaux sur le territoire de la France. Dans nos grands centres du luxe et du travail, des salaires élevés ne compensent pas la cherté de la vie et ils attirent néanmoins l'habitant des campagnes ; la main-d'œuvre manque aux cultivateurs et la valeur des récoltes ne peut pas supporter des prix de revient progressifs.

Nous proposons d'arrêter, au profit du bien-être général, ce mouvement regrettable, en distribuant dans nos campagnes et dans nos colonies cette activité industrielle qui paraît se centraliser de préférence dans nos grandes villes.

L'exploitation des mines peut concourir à la solution heureuse de ce problème économique : ne voyons-nous pas, en parcourant les départements du Nord et du Pas-de-Calais, les cheminées d'usines se multipliant sans cesse, et assimiler ces campagnes aux plaines industrielles de la Belgique au fur et à mesure que le bassin houiller de Mons se poursuit et s'exploite du côté de l'ouest. Ces mines et les usines qui leur sont subordonnées retiennent dans les campagnes la population laborieuse, prête à rechercher à Paris des salaires élevés ; la fumée des foyers n'y produit pas ses effets malfaisants, les logements sont salubres, le bien-être n'engendre pas les mauvaises passions, et l'ouvrier, à prix égal, y est certainement plus heureux. On peut en dire autant de tous nos centres d'exploitation de houille et de notre métallurgie.

Nos bassins houillers sont limités, et leur effet désirable ne manquerait pas de s'étendre par le développement de l'exploitation des gîtes métallifères de la métropole et de l'Algérie ; ces montagnes incultes ne renferment pas seulement des valeurs utiles, mais le gouvernement, en y dirigeant l'exubérance de notre puissance industrielle fera assurément un acte de politique éclairée : une distribution des aspirations et du travail dans toutes les parties du territoire, sur ces régions délaissées de l'Algérie, rétablira l'équilibre au profit des classes laborieuses et de la richesse du pays.

Le lecteur verra, dans cette étude, la volonté de soumettre à l'opinion publique des renseignements utiles et généralement peu connus au point de vue de la législation des mines et des moyens de concourir au bien-être de tous ; ce n'est pas une critique hostile aux administrations dont il est juste de reconnaître les meilleurs témoignages de la sympathie et de l'équité qu'elles accordent aux exploitants de mines ; mais c'est une preuve de leur impuissance involontaire dans l'application qu'elles ont à faire d'une loi et d'ordonnances que le législateur n'a pas, depuis cinquante-quatre ans, modifiée conformément aux besoins de nos progrès industriels et de nos conquêtes.

TABLE DES MATIÈRES

PARIS. — IMP. P.-A. BOURDIER ET Cie, RUE MAZARINE, 30.

GUETTIER (A.), ingénieur, directeur d'usines métallurgiques. **De la fonderie telle qu'elle existe aujourd'hui en France, et de ses applications à l'industrie.** Nouveau tirage de la 2e édition, augmenté. On y traite les questions suivantes: Résistance de la fonte. — Progrès du retrait. — Minerais. — Combustible, emploi des gaz. — Machines soufflantes, régulateurs et monte-charges. — Hauts fourneaux et appareils à air chaud. — Ventilateurs et cubilots. — Alliages. — Moulage. — Matériel et comptabilité des fonderies, etc., etc. 1 vol. in-8, 700 p. et 14 pl. in-folio. 15 fr.

— **De l'emploi pratique et raisonné de la fonte de fer dans les constructions.** Recueil d'expériences, détails et considérations pratiques adressé aux ingénieurs, aux architectes, aux conducteurs et à toutes les personnes appelées à se servir de la fonte. 1 vol. de 320 p. in-8 et 1 atlas de 24 pl. in-4. 8 fr.

RICHARD (H., Tony), ingénieur, **Études sur l'art d'extraire immédiatement le fer des minerais**, sans convertir le métal en fonte. 1 vol. in-8, rempli de tableaux, avec un atlas in-fol. dont 6 tableaux. 35 fr.

FLACHAT (E.), BARRAULT (A.) et PETIET (J.), ingénieurs. **Traité de la fabrication de la fonte et du fer**, envisagée sous les trois rapports chimique, mécanique et commercial. 1re partie, fabrication de la fonte; 2e partie, fabrication du fer; 3e partie, examen statistique et commercial. 3 vol. in-8 ensemble 1350 p. avec atlas gr. in-folio de 24 pl., dont 6 doubles. 30 fr.

9 782329 221816